JN191127

WWⅡドイツ装甲戦闘車両総集

German Tanks and Armoured Vehicles of World War II

広田厚司

潮書房光人新社

WWⅡドイツ装甲戦闘車両総集――目次

****

謝辞（Acknowledgement and photographs credits）
本書刊行に際して写真、資料提供、あるいは助言など下記の公的機関および個人の方々より深く感謝申し上げます。
The author and publisher gratefully acknowledges photographs and documents were made available by the following individuals and Institutions;
Imperial War Museum, London, U. K. Royal Tank Museum, Bovington Camp, Dorset, U. K. Bundesarchiv, Koblenz, Germany. E. C. P. A., Paris, France. National Archives, Washington D. C., U. S. A. Smithsonian Institution, Washington D. C., U. S. A. Ordnance Museum at Aberdeen Proving Ground, U. S. A. Mr. J. Pavey, U. K. Mr. R. Murray, U. K. K. Roberts, U. K. Davis Digital Archives, U. K., with Atsushi Hirota.

****

WWⅡドイツ装甲戦闘車両総集

ドイツ戦車前史

1918年３月21日にフランスのサン・カンタン運河で英軍の阻止戦に向かうグライフ大尉指揮する戦車第１大隊のＡ７Ｖ突破戦車と歩兵だがドイツ軍が初めて実戦で運用した戦車だった。５両投入されて３両は機械故障だったが２両はよく活動した。

ドイツ戦車前史

第一次世界大戦時の一九一六年九月一五日、フランスのソンムの戦場に英軍の鋼鉄の怪物が出現して戦争の様相が一変した。この事態に対して急遽帝政ドイツも一九一八年になってからA7V戦車を生産して二二両を戦場へ投入した。これがドイツ戦車史の始まりである。

A7V戦車の名称は陸軍省第七部自動車課の頭文字に由来する。戦車は貨物トラックの車台と米国のホルト・トラクターの履帯をダイムラー社で合体させ、重量は二九・五トン、最大装甲厚は三〇ミリ、動力はダイムラー一〇〇馬力エンジンを搭載し、最大時速一二・八キロ、武装は五・七センチ戦車砲とマキシム08型機関銃六挺を装備した。一〇〇両生産が命じられたが完成車は二二両にとどまり、一九一八年三月二一日にフランス北部のサン・カンタンの戦場へ最初に出撃した。当時、帝政ドイツは英国の海上補給線を狙うUボートと、地上戦の主役だった大型火砲に技術と生産力が集中されて戦車の装甲板開発が遅れて戦車の大量生産の余力がなかった。加えて、主砲がロシアの捕獲五・七センチ砲で発射速度が遅く満足が得られなかった。さらに、路外地走行性能不足と乗員（一八名）の訓練不足が重なり総合能力は英国戦車に及ばなかった。

そこで、捕獲した英国のMkⅣ（マーク4）型、あるいはMkⅤ（マーク5）型戦車のコピー生産を試みたのが重量三九・三トンのA7V／U戦車（Uはウムラウフェンデ・ケッテン＝回転履帯の頭文字）だが一九一八年末にダイムラー社で試作型が一両完成しただけだった。

その後の一九一八年～一九年の戦車計画によりクルップL・K（乗員二名の軽戦車）をドイツ装甲戦闘車両の先駆的技術者であるヨゼフ・フォルマーの設計により、大型乗用車の車台を利用する三種が計画された。まず、L・KI型は重量六・九八トンで車台後部に戦闘室を設け、小型回転砲塔に機関銃搭載で試作車一両が完成し、後に三・七センチ砲搭載型も検討されたが完成しなかった。続く改良型LKⅡは八・七四トンで戦闘室を前方へ移し、固定砲塔に五・七センチ砲を搭載して戦争終了直前に二両が完成した。最後の発展型は一九一九年に大量生産を予定したL・KⅢ型だが生産に至らなかった。

このほかに二両試作された重量一四八トン！ の超重戦車Kワーゲン（K車両）があった。これは突破戦車で一九一九年の集中使用を意図してウェーガー大尉とフォルマー設計にてベルリンのリーベー・クーゲルラーガー工場で完成したが、大戦終結により実験走行前に破壊された。乗員二二名で最大装甲厚は三〇ミリ、動力はダイムラー六〇〇馬力エンジン二基搭載で、電磁クラッチなどの新機軸も採用されたが計画時速はわずかに三キロだった。また、クルップ社で一九一八年一〇月に、二両が部分的に完成した歩兵支援用のシュレージュン突撃戦闘車は、重量一九トンで回転砲塔に五・七センチ砲を搭載し、戦車の前後にある二基の小型砲塔に機銃を装備した多砲塔型だった。

やがて、米国の参戦により一次大戦は一九一八年一一月に帝政ドイツ帝国と四国同盟側の敗北で幕を閉じた。そして、一九二〇年に連合国によるヴェルサイユ条約が発効し、陸軍は一〇万人のワイマール共和国軍あるいは国軍（ライヒスヴェーア＝一九三五年以降はヴェアマハト＝国防軍）となり、戦車、航空機などの攻撃的兵器の研究は全て禁止された。だが、この小さな国軍に残された一握りの少壮将校たちが、将来のドイツ軍再建を共通目標として密かに戦車と戦術研究を続行した。ことに戦車開発ではスウェーデンへ技術将校を送り、一次大戦末期のL・K型軽戦車を少数生産してスウェーデン陸軍で用いるなどして技術力の温存を図った。

　このような過程を経たのちに陸軍兵器局が一九二六年～三二年にかけて軽戦車と中戦車各二両宛て開発を、ラインメタル・ボルジク社、マン社、クルップ社、ダイムラー・ベンツ社に要請して二種の戦車が生まれた。これは軽戦車開発意図を秘匿する軽トラクター（ライヒトトラクトーア）と重トラクター（グロストラクトーア）と称した。軽トラクターは既述の一九一八年型L・KⅡ型軽戦車を継承し重量九・五トンで三・七センチ砲搭載にて時速一九・二キロだった。

左）一次大戦末期にベルリンのGmbH社で製造中の重量120トンの超巨大戦車Kワーゲンの珍しい写真だが生産には至らなかった。予備役大佐のヨゼフ・フルマー設計によるもので当初10両製造予定だったが１両（ニックネーム・リーベ）がほぼ完成した。右）Kワーゲンの完成予想図で7.7センチ砲４門と機銃７挺搭載で乗員は27名！だった。

一次大戦末期に高価な重戦車に代わる安価な装甲戦闘車両としてダイムラー自動車の車台利用のLKI（軽戦闘車（ライヒトトラクトーア））がヨゼフ・フルマーにより開発されたが試作車のみに終わった。重量6.9トンで武装はMG08/7.9ミリ機銃１挺で最大時速12～17キロだった。

英国のホイペット中戦車に似たLKⅡ（軽戦闘車Ⅱ（ライヒトトラクトーア））は前掲のLKⅠの発展型で騎兵戦車を意図していた。このLK軽戦闘車はドイツで初めて回転砲塔が搭載された戦車となり開発技術は以降のドイツ戦車の発達に寄与した。

他方、重トラクターⅠは後に国民車フォルクスワーゲンを生み出す、フェルディナンド・ポルシェ博士の設計でダイムラー・ベンツ社が製造した。この車両は短砲身七・五センチ砲と機銃三挺搭載型と、七・五センチ砲と機銃四挺型の二種が製造された。

一方、ラインメタル・ボルジク社の試作車は重トラクターⅡと呼ばれ、クルップ社モデルは重トラクターⅢと称し、Ⅰ型類似で重量二一トンと最大時速もほぼ同じである。この軽、重トラクター計画の総指揮は兵器局のピルナー大尉が担当し、技術的にガス漏れ防止やエンジン燃焼効率の向上、あるいは機動性などに注意が払われた戦車となった。

一九二七年にハノマグ社のトラクターに三・七センチ砲と七・七センチ砲搭載自走砲が陸軍で試作された。これは、三・七センチ二五馬力WDシュレッパーと七・七センチ五〇馬力WDシュレッパーで将来の突撃砲や

一次／二次大戦間の1927年にハノマグ社のトラクターに3.7センチ砲と7.7センチ砲を搭載する２種のWD自走砲が試作されて後の突撃砲や自走砲に影響を与えた。写真は7.7センチ軽野砲搭載WDシュレッパー（牽引車）50psである。

左）1929年～32年に開発されたラインメタル社（Rh-B）開発の3.7センチ砲と機銃搭載のライヒト（軽）トラクトーアで乗員は３名で８～9.5トンである。右）同じライヒトトラクトーアの砲塔と装甲車体を撤去し代わりに荷台を乗せた軽牽引車型である。

自走砲の源ともいえる車両だったが生産されなかった。
　ここで、ラインメタル・ボルジク社で一九三四～三五年にかけて二両製造されたのがＮｂＦｚ（新戦車の頭文字のノイェバウファールツォイク、V号戦車）で三六〇馬力のマイバッハ・エンジンと短砲身七・五センチ砲を搭載して重トラクターより重量がある程度の違いだった。他方クルップ社も三五年から三六年にクルップ砲塔を搭載したＮｂＦ・Ⅵ号戦車三両を製造した。ちなみにいずれも二次大戦のＶ号戦車パンターとⅥ号戦車ティーガーⅠとは別種である。
　これらは一九二六年に現れた英国のインデペンデント重戦車、あるいは一九二九年のソビエトのT32戦車などの影響を受けた多砲塔型戦車で、主砲と副砲が七・五センチと三・七センチ、あるいは一〇・五センチと三・七センチの組み合わせの違いであり、ＮｂＦｚ・Ⅵ号戦車は砲塔上に円形の無線アンテナを装備していた。なお、このＮｂＦｚ戦車の外見はなかなか力強く、

1930年代初期のドイツ機械化部隊は乗用車の車台に簡単な鋼板を張り戦車に見立てて装甲戦術の訓練を行なった。それから９年後の1939年秋のポーランド侵攻戦時には６個装甲師団を保有するまでに急速に成長するのである。

グロストラクトーアから発展したNbFz（新戦車＝V号戦車）で砲が上下縦配置のラインメタル社の製造車両で1934年に２両製造された。

主砲と副砲が横並列配置のクルップ社砲塔型NbFz（新戦車＝Ⅵ号戦車）は1935年に２両製造された。これら５両は1935年に第１装甲師団に配備されてパレードなど国民への宣伝目的で使用された。

二次大戦初期の一九四〇年春に行なわれたドイツのノルウェー侵攻戦時に、オスローに送られてドイツ軍の無敵宣伝に用いられた。

折から、各種兵器と戦術実験を求めるドイツと、新技術吸収を期待するソビエトの希望が一致して、イタリアのロカルノで「経済協力協定」いわゆるロカルノ条約が結ばれた。この協定により陸軍はソビエトが提供したカザンの実験場においてさまざまな試験を行なったのである。

一九三三年以降、ドイツは再軍備に邁進し、同年一一月に第一戦車学校と戦車砲術学校が設けられて一二年にわたり拡大するドイツ装甲部隊を支える戦車乗員を生み出した。そして、快速戦車多数を運用する装甲戦へと軸足が移り一九三五年一〇月に三個装甲師団が生まれ、それまでの幾つかの戦車開発計画は過去のものとなったが、貴重な技術的蓄積はしっかりと残されてその後の急速なドイツ戦車の発展を見ることとなるのである。

19401年春の北欧侵攻戦に出動したNbFz（新型戦車の略）中戦車で砲塔に7.5センチ主砲と並列に3.7センチ砲を搭載したクルップ砲塔タイプだが当時の各国の設計主流だった多砲塔戦車の影響が随所に見受けられる。

ドイツ装甲戦闘車両の命名法

ドイツ戦車の番号分類は一次大戦時から

始まってはいたが数例を除き命名システムはなかった。一九三二年以前のワイマール国軍時代に生産された戦車と戦闘車両は、ベルサイユ条約制限下の極秘開発であり、軽トラクターや重トラクターなどの秘匿名称が用いられた。再軍備開始後も秘匿名は継続されて重装甲車はＺＲＷ（ツェーンラッドワーゲン）と呼ばれ、のちのⅢ号戦車はＺＷ（ツークフューラーワーゲン＝小隊長車）でⅣ号戦車はＢＷ（ベグレイトワーゲン＝大隊長車）などと称した。

ヒトラー政権下で再軍備が進められ、ドイツは三八年のスペイン内乱にコンドル義勇軍派遣でフランコ反乱軍を支援し地上部隊はⅠ号戦車を投入した。以降、秘匿名称は廃止されてＫｆｚ（クラフトファールツオイク＝自動車両）が先に表記され、続いて一〇〇番以下の番号が付与されるようになった。例えば、自動車の車体を転用した軽装甲車はＫｆｚ・13とかＫｆｚ・14などと呼ばれた。

一方、戦車は再軍備後からドイツ敗戦まで略号Ｐｚｋｐｆｗ（パンツァーカンプワーゲン＝戦車）の後に重量順にローマ数字が付された。例として、一九三四年のⅠ号戦車はＰｚｋｐｆｗ・Ⅰであり、大戦後半の中軸戦車だったⅤ号パンター戦車はＰｚｋｐｆｗ・Ⅴで、同じ車体を用いた派生型、改良型は記号の後にＡｕｓｆ（アウスフュールングファー＝詳細、すなわち型）・Ａ、Ｂ、Ｃと表示した。Ⅰ号戦車Ｂ型はＰｚｋｐｆｗ・Ⅰ・Ａｕｓｆ・Ｂである。

Ⅲ号戦車の車体上に箱型装甲戦闘室を設けた突撃砲戦車などは別で、ＳｔｕＧ（シュトウルムゲシュッツ）・Ａｕｓｆ・ＦとかＡｕｓｆ・Ｇと称した。そのほか、チェコの併合にともなう接収軽戦車はＰｚｋｐｆｗ・38（ｔ）――38は１９３８年で（ｔ）はチェコの頭文字――が付与され、以後、本車の車台を用いた駆逐戦車はヤークトパンツァー38（ｔ）と称されたが、他の外国の捕獲戦車も似たような分類名だった。

装甲部隊（機械化）を構成する戦車や兵員輸送車、装甲車には陸軍兵器局（ヘーレスヴァッヘンアムト＝略号ＨＷＡ）が兵器の種類を分類して番号を付与した。総称はＳｄｋｆｚ（ゾンダァークラフトファールツオイク＝特殊自動車両）で一定のパターン（一致しないものもある）があり、非装甲車両には一〇〇番以下が付与された。たとえばＳｄｋｆｚ・１０１はⅠ号戦車で、１２１はⅡ号戦車、１４１はⅢ号戦車のＡ～Ｈ型まで、１４１／１はＪ～Ｍ型まで、１６１はⅣ号戦車のＡ～Ｆ型、１６１／２はＨ～Ｊ型まで、１７１はⅤ号戦車パンターＡ～Ｇ型、１８１はⅥ号戦車ティーガーⅠＥ型、１８２はティーガーⅡＢ型などである。な

653/2/Ia

D 653/21a

Nur für den Dienstgebrauch!

Panzerkampfwagen IV

Ausf. E und F

Schaltbild

zum elektrischen Turmschwenkwerk

Vom 15. 1. 42

Unveränderter Nachdruck

Berlin 1942

Gedruckt im Oberkommando des Heeres

Ⅳ号戦車のマニュアル上の表示例。
Pnzerkampfwagen Ⅳ Ausf. E und D=Ⅳ号戦車E
およびF型を示す。

お、Ｓｄｋｆｚ・１３０～１４０はチェコ戦車ベースの自走砲の派生型を示した。そのほか、Ｓｄｋｆｚ・２２１と２３１は後に番号が付された四輪軽装甲車である。Ｓｄｋｆｚ・２５０～２５３は操輪と無限軌道を有する半装軌装甲兵員輸送車で、Ｓｄｋｆｚ・２６０以降は装甲車（自動車両）、無線車、指揮車として新たに番号が与えられ、Ｓｄｋｆｚ・３０１以降は爆薬運搬車や特殊車両に用いられた。他方、装甲兵員輸送車と戦車車台を用いない装甲車両は戦車とは異なる分類方法でＳｄｋｆｚ番号はシステム的に区分を示すだけである。

さらに言えば、最初六輪装甲車だったものが、のちに八輪となったような場合にはＳｄｋｆｚ番号が時としてだぶる場合があった。同一戦車の車台に多種の砲が搭載された自走砲は種類も多く基本的にＳｄｋｆｚ番号によって識別された。

突撃砲と駆逐戦車の対極にある軽対戦車自走砲は、識別記号に火砲の口径と種類（7・5センチ砲や10・5センチ砲）とか、使用戦車の車台を示すＰｚｋｐｆｗのほか、自走砲架を示す「Ｓｆ」や砲車を示す「ＧＷ」を組み合わせて表示した。たとえば、15ｃｍｓＩＧ33（Ｓｆ）ａｕｆ　Ｐｚｋｐｆｗ・ＩはＩ号戦車の車台に15センチ重歩兵砲33型を搭載した自走砲架を示した。

試作車は兵器局によりＶＫ（フォルケッテンフェァーズーフファールツオイク＝無限軌道試作車両）の文字の後に番号が付与された。通常、最初の一文字あるいは二文字は重量を、最期の二文字は特定車両を示して、末尾に製造会社の頭文字が括弧でくくられていた。ＶＫ４５０１（Ｈ）はのちのⅥ号戦車ティーガーⅠ型だが重量四五トンでヘンシェル社製造の最初の試作車を示した。しかし、実際の生産段階になると多くの車両が表示重量とは異なる場合が見られた。

これら以外に重量一八八トンの超重戦車などはＰｚｋｐｆｗ・モイゼ（マウス）と呼ばれた特例もある。また、パンター（豹＝Ｖ号戦車）、ティーガー（虎＝Ⅵ号戦車）など戦車や重自走砲ヤークトティーガー（狩る虎）などヒトラー命名の名称を有する車両もあった。

その他、次世代型の戦車と自走砲はＥ（エントヴィックルング＝開発）シリーズと呼ばれて大戦末期に開発中だったが、頭文字のＥと大体の重量を組み合わせて表示した。たとえば、Ｅ10、Ｅ25、Ｅ50、そして重量一四〇トンのＥ１００などである。

ロシア侵攻バルバロッサ作戦時にヘップナー大将指揮する北方軍集団所属の第１装甲師団本部の車両群で手前左方は後部にフレームアンテナを有するⅢ号指揮戦車で右隣はⅠ号指揮戦車。中央にKfz21重野戦乗用車の車列など各種車両が出発を待っている。

Ｉ号戦車と派生型
(Panzerkampfwagen I & variants)

ドイツ国防軍はヒトラーとナチ党体制下でヴェルサイユ条約を破棄し再軍備に邁進した。1936年にベルリンのシャルロッテンブルグ大通りからブランデブルグ門を通過する装甲部隊のＩ号B型戦車群のパレード風景である。

1931年以降の秘密戦車開発計画により1933年に生まれたMG13機関銃２挺を小型砲塔に搭載したＩ号戦車のクルップ試作型（LaS＝秘匿名農業トラクター）でコイル・スプリング懸架装置と大型４個転輪装備である。

一次大戦後の1934年～36年にクルップ（グルソン工場も）、ヘンシェル、マン（MAN）、ダイムラー・ベンツ（DB）の各社で初めて大量生産（818両）されたＩ号戦車A型である。A型はクルップM305、B型はマイバッハNL38TRエンジン搭載だった。

1936年のニュールンベルグのナチ党大会の軍事パレードで行進する〝４個転輪〟型のＩ号戦車A型で砲塔下左側面に大型の乗員乗降口が見られる。Ｉ号戦車は乗員２名で重量は5.4トン、武装は機関銃のみである。

I号戦車B型の実証試験用の試作車両でA型と同じ出力の低いクルップM601ディーゼル・エンジン搭載車である。しかし、量産B型車には100馬力のマイバッハNL38TRエンジンが搭載される。

I号戦車B型は1935年〜37年にかけて675両が生産された。搭載エンジンはA型のクルップM305エンジンから高出力のマイバッハNL38TRとなり車台を40センチ延長して1個転輪を追加して5個転輪とした改良型である。

I号戦車B型を後方から見たもので排気管が後上部に移設され左隣に5連装の発煙弾発射器が認められる。写真は1941年春のバルカン作戦時であるが山地が多く装甲作戦に向かず鉄路を利用して戦車は進撃したが損害が多かった。

Ⅰ号戦車A型車体利用の訓練車両でファールシュールヴァネ（自動車学校浴槽）と呼ばれた。訓練はツオセンとオルドルフの機械化教導部隊で行なわれて後の装甲師団群と機械化部隊が装備する装甲装軌兵員車の乗員養成に大きな役割を果たした。

Ⅰ号B型ベースの訓練車両２両と左上方にⅠ号戦車が見られる。自動車両などの操縦訓練を行なうナチ党機関のひとつでNSKK（国家社会主義自動車軍団）と呼ばれ陸軍の訓練とは別に国防軍のドライバーや整備員の予備軍育成機関として機能した。

Ⅰ号戦車C型（Ⅰ号戦車新A型、あるいはVK601と称した）でクラウス・マッフェイ社の軽偵察戦車の試作型である。1942年後半に40両ほど生産されて1943年に実戦評価が行なわれたが有効性の問題から大量生産には入らなかった。

Ⅰ号戦車F型（Ⅰ号戦車新A型、あるいはVK1801と称した）で重装甲歩兵突撃戦車である。先のC型とは異なる複合転輪を備えて前面装甲80ミリで重量は21トンありエンジンはC型と同じで1942年中に30両ほど製造されたが量産されなかった。

少し写真が不鮮明だが珍しいⅠ号戦車F型（VK1801）で最大装甲80ミリという強装甲の歩兵突撃戦車で実戦評価のために1943年夏に8両がロシア戦域の第1装甲師団に送られた際のワンカットだが、戦況の変化により30両以外は生産されなかった。

Ｉ号戦車B型ベースのＩ号軽指揮戦車で大戦初期の1940年～41年前半まで使用されたが多くは前線から引き揚げられ一部は1942年まで残存した。乗員は3名でFuG 6（HF/VHF20ワット送受信機）とFuG 2（HF/VHF受信機）無線機を搭載した。

左）Ｉ号戦車A型車台に箱型装甲室を乗せ車内に無線機や地図デスクなどを装備してＩ号軽指揮戦車（クライナー・パンツァベフェルスワーゲン）と称した。Ｉ号戦車A型ベース車は184両製造され装甲師団の旅団、連隊、大隊、中隊司令部に配備された。右）1941年夏の広大なロシア戦線におけるＩ号戦車B型ベースのＩ号軽指揮戦車で装甲師団の戦車中隊指揮本部と思われる。車体左側面部の左右両開き大型乗降口に乗員が見える。

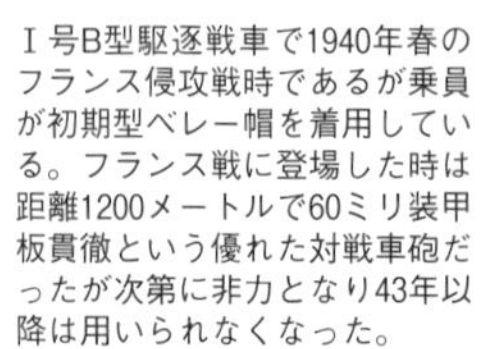

Ｉ号B型駆逐戦車で1940年春のフランス侵攻戦時であるが乗員が初期型ベレー帽を着用している。フランス戦に登場した時は距離1200メートルで60ミリ装甲板貫徹という優れた対戦車砲だったが次第に非力となり43年以降は用いられなくなった。

Ｉ号B型戦車のシャシー上に15センチsIG33重歩兵砲を搭載した歩兵支援用の重自走砲で1940年に38両が転換された。大型の箱型戦闘室はトップヘビーであり装甲厚も13ミリと薄く後部と上部は解放式であり乗員防護は脆弱だった。

Ｉ号B型爆薬搬送戦車で10両が改造され装甲師団工兵中隊に配備された。車体後方のアーム先端部の箱型爆薬を地上に降ろし爆発させ強固な障害物除去や地雷爆破に用いた。国籍マーク右上に「逆Y字」の第１装甲師団マークが認められる。

I号戦車と派生型

　一九三三年にヒトラーとナチ党が政権を取って再軍備が進み、戦車要員用の訓練戦車が必要になり陸軍兵器局は五トン級軽戦車の開発を行なった。ドイツの伝統的な複数企業競作システムに従いニュールンベルグのMAN社（マシーネンファブリク・アウグスブルグ・ニュールンベルグの略）、エッセンのフリードリッヒ・クルップ社、カッセルのヘンシェル・ウント・ゾーン社、ベルリン・マリエンフェルトのダイムラー・ベンツ社、デュッセルドルフのラインメタル・ボルジク社が参加した。
　クルップ社は一次大戦後の技術継承先のスウェーデン・ランドスヴェルク社との合作経験を生かしたLKI試作車を製造した。ラインメタル社は一九二八年～二九年に製作した軽トラクターVK31／A2ベース車両を試作して評価試験の結果、兵器局はクルップ設計のLKIをベースにダイムラー・ベンツ社が装甲開発を担当した。クルップ社はこの車両にLKA／LKBとプロジェクト名をつけ、兵器局は秘匿用に工業用トラクター（LaS＝ラントヴィルストシャフトリヒタァ・シュレッパー）の名称を用いた。この砲塔など上部構造物のないLaSは一九三四年前半に一五両製造されて戦車乗員の訓練に用いられた。

I号戦車A型

　続く量産型で特殊自動車（Sdkfz）両番号101が付されたI号戦車A型は乗員二名で砲塔に機関銃を装備し、既述の五社により一九三四年七月から三六年六月までに八一八両が生産された。また、多くがオーアドルフでの乗員訓練車両となり、二次大戦初期の装甲部隊に装備されて実戦でも運用された。

I号戦車B型

　A型の出力不足と耐久力不足を改良した型である。出力向上の一〇〇馬力マイバッハ六気筒NL38TR水冷エンジン搭載で、車体と戦闘室を延長して二個一組の転輪を追加した。戦闘重量は六トンに増加するも変速機（アプホンFG31）は進歩して時速四〇キロを達成した。IB型はヘンシェル社、マン社、ダイムラー・ベンツ社、クルップ・グルソン工場で一九三五年八月から三七年七月生産で六七五両が軍に納入された。このほかにIB型の訓練用車体が一六四両生産されている。
　また、CKD（チェコモラビスカ・コールベン・ダネクの略でのちのドイツ占領下でBMM＝ボヘミッシュ・マリッシュ・マシーネンファブリク・プラハと呼ばれる）においても生産が行なわれた。I号戦車は一九三八年のスペイン内乱時にフランコ軍支援のドイツのコンドル義勇軍で実戦テストを兼ねて使用された。二次大戦の一九三九年九月一日のポーランド戦では九二八両、四〇年のフランス戦時に五二三両、四一年夏のロシア侵攻戦時でもまだ一八〇両が前線で運用されていたのは特筆に値する。
　旧式な軽戦車だが大戦初期には戦車部隊の事実上の中核であり、一九四一年末になると一線から姿を消した。もっともドイツ装甲部隊の育ての親であるH・グデーリアン大将はポーランドとフランスでの対戦車戦では装甲も火力も全く不充分だったと述べている。

I号戦車C型

　一九三九年九月一五日に陸軍兵器局はI

号戦車を軽偵察戦車および降下猟兵部隊を支援する軽戦車に発展させる指令を発した。ミュンヘンのクラウス・マッファイAG社が車体を、ダイムラー・ベンツ社が装甲と砲塔開発を担当して試験的に四〇両が一九四二年七月から一二月にかけて生産された。この車両は重量八トンで装甲厚一〇～三〇ミリで時速六五キロと快速だった。乗員二名、MG機銃装備、一五〇馬力のマイバッハHL45P6エンジン搭載でI号戦車C型と呼ばれた。一九四三年にロシア戦線で実戦評価されたが大量生産されず残存車両三八両は一九四四年夏のノルマンディ戦に投入された。

I号戦車F型

一九三九年一二月二二日、陸軍兵器局はI号戦車を改良してF型とする重装甲歩兵突撃戦車三〇両をクラウス・マッファイとダイムラー・ベンツに発注した。重量は一八トン～一九トンで最大装甲厚は八〇ミリで一五〇馬力のマイバッハHL45エンジンにて最高時速二五キロである。乗員は操縦手と機銃手の二名で二挺のMG34機銃を搭載した。最初の車体は一九四〇年六月一七日に完成して三〇両が納入されたが、戦況の変化で次期発注分一〇〇両は中止された。また、クラウス・マッファイも一九四〇年三月に無線セット（FuG2無線機と車内インターフォン）装備の試作車VK1801の開発契約を結んだがこれも中止された。

I号指揮戦車

一九三六年～三八年に装甲師団の小型指揮戦車（クライン・パンツァー・ベフェルスワーゲン）はI号A型とB型車台を利用してダイムラー・ベンツ社で二〇〇両が製造された。IKIB型、2KIB型および3KIB型と三種あった。機銃装備で戦闘重量五・九トン、FuG6やFuG2無線セットを装備して指揮本部で運用された。箱型装甲車体はドイッチェ・エーデルシュタールヴェルク製で一九四〇年のフランス戦時には九六両が使用された。

I号A型架橋戦車

架橋搭載車はA型車台から三両転換されたが懸架装置が不適切だった。のちに橋梁部はII号架橋戦車に利用された。

I号A型火炎放射戦車

少数のこの車両は北アフリカのトブルク戦線で第五戦車連隊が使用したが、一秒一〇回の火炎放射能力を有した。

I号弾薬運搬車、I号保守修理車

一九三九年九月のポーランド侵攻戦ではダイムラー・ベンツで全高一・四メートルと低姿勢の極初期のI号戦車が弾薬運搬車に改造された。前面装甲一五ミリ、側面と後部は一三ミリだが、後にこれらの車両は火砲搭載の自走砲へと転換された。

また、一九四〇年以降にI号戦車は保守修理車へ転換して1トン軽牽引車（ZgKw）に替えて使用した。しかし、A型エンジンは非力で、その後の改良型ではB型車台が用いられた。

I号B型チェコ製四・七センチ対戦車砲搭載自走砲

一九三九年までベルリン・シュパンダウのアルケット社が初めて潜在的な発展の可能性を残した対戦車自走砲を製造した。前面と左右の三面を装甲板で囲み乗員を保護し、射角が一五度に限定されたチェコ製四・七センチ対戦車砲を搭載したパンツァーヤーガー（駆逐戦車）で、一三二両が一九四一年七月の対ソ戦初期から使用された。戦闘重量六・四トンで乗員は三名、全高二・二五メートルで八六発の砲弾を携行した。ロンメル中将指揮する北アフリカ戦線のアフリカ軍団では有効に用いられたが、ロシア戦では軽自走砲は旧式となり次期兵器の出現までの繋ぎ的存在だった。

この自走砲は同時期にアルケット社で三五両が製造されたがI号戦車B型車台に前、左右の三面装甲板を有する箱型戦闘室を設けて一五センチ重歩兵砲を搭載したが、全高が三・三五メートルと高姿勢で戦場では不利だった。また、砲重量が一・七五トンで戦闘重量八・五トンとなり過荷重だったが、重突撃歩兵大隊に配備されてポーランド戦、フランス戦で歩兵の支援用に使用された。

I号爆薬運搬車

ラドウングスレーガーIと呼ばれ一九四〇年五月に兵器局がアーヘンのヴァーゴン・ファブリク社と契約を結び、I号戦車の車体後方に二・七メートル長の折畳式アームを装備し、先端に重量七五キロの爆薬箱を携行して地雷原の開鑿や強固な陣地爆破などが目的だった。

1940年春の北欧侵攻戦〝ライン演習〟時に南ノルウェーで歩兵部隊を支援するＩ号B型戦車である。この作戦ではとくに第６戦車連隊のＩ号、Ⅱ号戦車およびNbFz試作戦車などで編成されたヴォルクハイム中佐の率いる第40戦車大隊が用いられた。

ポーランド方面を行くＩ号戦車Ａ型ベースの指揮戦車で後方にⅡ号戦車Ａ～Ｃ型が続行する。Ｉ号指揮戦車は1935年～41年前半まで装甲師団の各レベルの指揮本部で使用されたが42年ころには少数を残して前線から引き揚げられた。

Ⅱ号戦車と派生型
(Panzerkampfwagen II & variants)

1941年に北アフリカの戦場へ送られる第５軽師団（のちの第21装甲師団）第５戦車連隊のⅡ号戦車A〜C型だが元の所属だった第３装甲師団マークが車体前面に見える。斜め上方撮影で砲塔上面の丸型キューポラや砲防盾部の装甲強化が見られる。

1934年～35年に本格的な10トン級戦闘戦車がクルップ、ヘンシェル、MANの各社で競作されMAN社案が選択された。写真はクルップ社の試作車両で最初の生産車はⅡ号戦車a/1、a/2、a/3で1936年～37年に75両ほどMAN社とDB社で生産された。

1939年9月のポーランド侵攻戦時のⅡ号戦車b型でa型のエンジン室の排気と冷却システムなどの改良型である。当時34個戦車大隊で2778両の保有戦車中Ⅱ号戦車がもっとも多い1231両で44パーセントを占めていた。

ドイツの訓練地におけるⅡ号戦車b型で後部に10ワット送受信機FuG5用のアンテナが見える。b型は130馬力から140馬力のマイバッハ6気筒HL62エンジン搭載となり重量も7.9トンとなった。

1941年、北アフリカ戦線におけるⅡ号戦車「c」型だが車体前面は角型装甲に改良されている。砲塔側面にアフリカ軍団の椰子マークと第15装甲師団第8戦車連隊の記号が描かれ左向こうは第Ⅱ大隊本部車である。

大型5個転輪とリーフスプリング装備に変わったⅡ号戦車A型。すぐにB型、C型へと細部が次第に改良されて1940年までに1113両が生産されて初期のドイツ装甲部隊の主軸戦車となった。

1940年春、第3装甲師団所属のⅡ号戦車A～C型で右向こうはチェコから接収した35（t）軽戦車である。cとA～C型は丸みを帯びた車体前面から角形の増加装甲、あるいは砲防盾前の跳弾防止板設置などの強化が逐次行なわれたが基本的に同車両である。

1943年初秋のロシア戦線における15センチ榴弾砲搭載Ⅲ号／Ⅳ号自走砲フンメルを配備（左奥の２両）した砲兵隊で運用されるⅡ号戦車改造の砲兵観測車両で長距離通信用のフレーム型アンテナを装備している。

ポーランド戦時における第４装甲師団第35戦車連隊のⅡ号戦車D型で彼我識別用の白十字を砲塔に描いている。D型とE型は騎兵用偵察戦車として開発され1939年までに250両が生産された時速55キロの快速車だった。

大草原のロシア戦線で歩兵の近接支援に用いられたⅡ号火炎放射戦車の前面が明瞭な珍しい写真である。車体前面左右に取り付けられた２基の突起が火炎放射装置で砲塔中央部の突起はMG34機銃で後側部の突起は擲弾発射器である。

Ⅱ号戦車の最終シリーズはF型で軽偵察戦車であるが車体前面35ミリ、砲塔全周30ミリ、側面20ミリに装甲強化されて41年～42年にかけFAMO社で524両(625両説もある）が生産された。

左）ロシア戦線におけるⅡ号戦車F型（後方も）だが戦場では旧式だった。写真の車長が首を出す砲塔上部の円形キューポラは８個ペリスコープ型である。当時の１両当たりのコストは５万ライヒスマルクでパンター戦車の３分の１以下だった。

MAN社製のⅡ号戦車G型(VK901)は新型快速軽偵察戦車として開発され41年～42年に12両製造された。180馬力マイバッハHL66Pエンジン搭載と複合式大型転輪により時速50キロと高速だったが戦況変化により大量生産されなかった。

左）Ⅱ号戦車J型（VK1601）はMAN社開発の重装甲偵察戦車で1942年に22両製造されロシア戦線の第12装甲師団で実戦評価された。重量18トン、前面装甲80ミリ、側面と後部50ミリ、180馬力マイバッハHL45Pエンジンで時速は31キロだった。右）やや不鮮明な写真だが珍しい作戦中のⅡ号戦車J型（VK1601）で1944年に東部戦線ベラルーシの酷く破壊されたスウツクの町におけるワンカットである。車体側面に特徴ある乗員乗降用の丸い大型ハッチが見られる。

左）Ⅱ号軽偵察戦車M型（VK1301）は前出のG型の生産型で30ミリの強装甲、変速機改良で時速65キロの快速性など進化したが計画は中止となった。右）Ⅱ号戦車H型でM型と同時期開発の５センチ戦車砲搭載の試作偵察戦車である。G、M型の技術的経験は次に正式採用されるⅡ号軽偵察戦車L型〝ルクス（山猫）〟で用いられた。

Ⅱ号戦車L型〝ルクス〟はH、M型の経験を生かした軽偵察戦車で1943年から44年にかけて100両がMAN社で生産されて時速60キロと快速だった。また、砲塔上のキューポラと視察口はなく砲手と車長用に２個の回転式ペリスコープが砲塔上に設置された。

ロシア戦線を行くII号L型軽偵察戦車ルクスでドライバー以外の乗員3名が車外に出ている。車体右後部にFuG 12とFuG Spr通信機用の2メートル星形アンテナと砲塔両側面に3連装の煙弾発射装置も見られる。

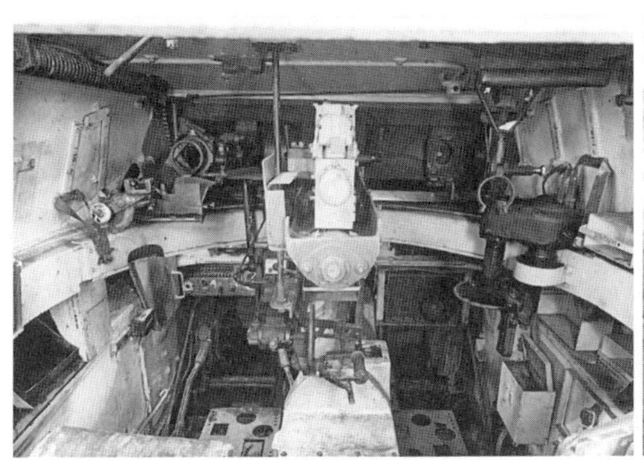

左）ルクスの砲塔内で正面が前方である。中央は55口径2センチKwK38戦車砲の砲尾で円形フレームは回転砲塔環で左下はドライバー席と棒状操縦レバーで右側は砲手席である。右）1942年にヒトラー命令でMIAG社とDB社でII号戦車L型（ルクス）似の中型偵察戦車レオパルトVK1603が開発されたが戦場の状況変化で生産されなかった。写真はII号G型シャシーと同じだが洗練車体のレオパルト試作型モックアップである。

左）II号A～C型を少数改造した爆薬搬送戦車の珍しい写真だが車体後部側面に3中隊本部車両（301）のプレートが見られる。本車はI号爆薬搬送戦車とほぼ同じフレームパイプ構造の爆薬運搬装置が用いられている。右）1942年にロシア戦線で用いられた旧式なII号戦車を火砲などの牽引車として改造した車両で前面向かって左端に野砲部隊の戦術記号が見られる。

Ⅱ号潜水戦車は1940年に英国侵攻戦用機材としてザクセンベルグ社で開発された。戦車の左右に延長された浮舟を設置し浮力を確保して水上を時速約10キロで航行するが荒れる外海での使用は疑問視された。

後部デッキや側面形状などⅡ号戦車A～C型ベースの潜水戦車で1941年夏のロシア侵攻バルバロッサ作戦時のワンカットである。潜水戦車は第18装甲師団に所属してブーク川の渡河戦で使用された。

左）Ⅱ号戦車A～C型ベースの装甲架橋車で武装はそのままで２分割滑動折畳式橋梁（ウルムのマギラス社製）を搭載している。初期のベレー帽を着用した戦車兵が見られるので1940年ころの撮影で第７装甲師団の工兵部隊に４両配備とされた。右）特徴ある大型４個転輪のⅡ号戦車D型車体に架橋装置（上へ持上げ後方へ倒す）搭載の装甲架橋車だが総数は不明。砲塔側面の彼我識別用の白十字マークにより1939年秋のポーランド戦時である。

大戦末期に燃料不足に悩むドイツはいわゆる木炭車を使用した。これはⅡ号戦車に大型のガス発生装置を搭載して訓練用に用いたが出力は低かった。左方にはイタリアから接収したM15／42戦車が認められる。1944年のイタリアでの撮影。

1940年春のフランス戦でⅠ号戦車に搭載した15センチ重歩兵砲(sIG 33)の有効性により同砲をⅡ号戦車の車体に搭載したのがⅡ号15センチ重歩兵砲搭載自走砲で1941年末に12両が製造されて全て北アフリカ戦線へ送られた。

1942年初期に全て北アフリカ戦線に投入されたⅡ号15センチ重歩兵砲搭載自走砲でアフリカ機甲軍の第707と708重歩兵砲中隊がガザラ戦線で用いたが損耗して1943年春になると姿が見られなくなった。

旧式になったII号戦車のシャシーに火砲を搭載した自走砲は数種あった。これはドイツ製7.5センチ対戦車砲（PaK 40/2）搭載のII号自走砲マルダーIIで、1942年から43年に576両（他に転換75両）がファモ、マン、DB各社で生産された。

1943年のロシア戦線におけるII号自走砲マルダーIIで1942年夏以降に駆逐戦車大隊に供給され1945年の大戦終了まで全戦線で用いられた。このような対戦車砲搭載自走砲は防御戦における対戦車戦闘で重要な役割を果たした。

緒戦の電撃攻撃で多くのロシア製7.62センチ対戦車砲を捕獲したドイツ軍は1941年冬にII号戦車D型車体に本砲搭載の対戦車戦闘自走砲（PaK36(r)）として計画し42年〜43年にかけて201両が転換された。写真はプロトタイプである。

左）空軍野戦部隊のII号D型自走砲の左側面。アルケット社開発で生産はウェグマン社と共同で行ない車台はD型、E型、火炎放射戦車にも用いられた。1944年以降の本格的な密閉装甲型の駆逐戦車の登場までのストップ・ギャップの対戦車自走砲である。

旧式になったII号戦車の車体を用いた最後の自走砲は1943年から44年夏までに676両製造された10.5センチ軽野戦榴弾砲搭載の自走榴弾砲ヴェスペ（雀蜂）でエンジンが後部から前部へ移された。写真はアルケット社開発でファモ社生産の量産試作車である。

1944年にフランスからロシア戦線（ウクライナ方面）へ送られる途上の第９SS装甲師団ホーエンシュタウフェン装甲砲兵連隊所属の10.5センチ軽野戦榴弾砲搭載自走砲ヴェスペで火力が優れていた。

Ⅱ号戦車と派生型

一九三〇年代初期のワイマール国軍秘密軍備計画の一環だった六トン戦車プランに続くⅢ号、Ⅳ号戦車の開発が遅れ、自動車総監のO・ルッツ将軍を中心に空白を埋める戦車開発が行なわれた。これがMAN（マン）社製造の二センチ戦車砲と機銃一挺搭載車で一八五六両生産されたⅡ号軽戦車シリーズである。

一九三四年に陸軍兵器局は一〇トン級戦車の競作開発をクルップ、ヘンシェル、マンの各社に要請した。クルップ車はLKA2で回転砲塔に二センチ戦車砲を搭載し、ヘンシェル、マン車は懸架装置がクルップ車と異なり、秘匿名称LaS100（農業トラクター（ラントヴィルトシャフトトリヒャー）100）として開発された。最終的にマン社車台にダイムラー・ベンツ社が上部構造物と砲塔を製造した。生産はブレスラウのファモ社（一九三六〜四二年）、カッセルのヴェグマン社（一九三五年〜四一年）、ブリュンズヴィックのMIAG社が行なった。

Ⅱ号戦車a型

一九三五年一〇月にLaS—100第1シリーズ発注七五両は三グループ分割（a／1、a／2、a／3）で、続くLaS—100第2シリーズはb型で二五両である。次の大型六個転輪と独立懸架装置を有するc、A、B、C、D、E、そして最終量産型のF型はLaS—100第3〜第9シリーズである。一九三五年に最初の生産車が軍に納入されて正式名称はⅡ号戦車で、重量七・二トン、乗員三名で一三〇馬力のマイバッハHL57を装備し、ZF六速変速機を用いる前方起動輪式で最高時速は四〇キロである。Ⅱ号戦車a／1は減速装置なしの変速機シャフトを有し、a／2は二五両が生産された。a／3では履帯、懸架装置、エンジン室内の冷却システムが改良され、二センチ戦車砲とMG34機関銃装備で一四・五センチ装甲の回転砲塔が搭載された。

Ⅱ号戦車bとc型

しかし、一三〇馬力HL57TRエンジンは出力不足で新型減速装置付一四〇馬力マイバッハHL62TRエンジンと交換された。重量七・九トンに増加してⅡ号戦車b型（第2シリーズ／LaS・100）となった。3、4、5、6、7シリーズは中型五個転輪とリーフスプリングを備え車体前面装甲は丸型だがやがて溶接タイプの角型装甲に交換された。3シリーズはc型（3／LaS・100）で一九三七年にヘンシェル社が生産した。

Ⅱ号戦車A、B、C型

ここで、一九三七年〜四〇年生産分の名称がⅡ号戦車A、B、C（4・5・6／LaS・100シリーズ）となり逐次装甲強化と冷却、排気、懸架装置など改良が実施された。四〇年一月に契約五分割で同年二月から生産が開始され、同年五月の対フランス戦の装甲部隊の中核だった。翌四一年夏のロシア侵攻のドイツ装甲部隊はⅡ号戦車一〇六七両を保有し、四二年四月の段階でもなお八六〇両が残存していた。

Ⅱ号戦車D／E型

一九三八年に騎兵偵察戦車としてダイムラー・ベンツ社で8／LaS・138、すなわちⅡ号戦車D／E型が生まれて快速戦車（シュネイルカンプワーゲン）とも称された。初めて大型四個転輪とトーションバー・サスペンションを使用し、一九三八年五月から三九年八月までにD型四三両とE型七両が生産された。車体、砲塔、駆動系統と変速機、乗員、装備もⅡ号戦車と共通で重量一〇トンで最高時速は五五キロだった。

一九四一年七月七日、ヒトラーは以後の戦車は砲力と装甲強化で成形炸薬弾に対抗すべしと要求したが、必然的な重量増加で速力低下を招いた。また、ヒトラーは一九四一年七月一七日の戦車委員会の席上で三六個装甲師団増設を指示し、陸軍兵器局は必要とする四六〇八両のⅡ号戦車生産計画を立てたが、四〇年の対フランス戦で力不足が明確になった。

Ⅱ号戦車F型

一九四〇年末から四一年初期に最終型（9シリーズ・LaS・100）となるⅡ号戦車F型が六二五両生産された。この戦車は前面装甲を最大三五ミリに強化し側面装甲一五ミリとして重量が九・五トンになった。一九四二年以降の月産計画四五両だが労働力不足が顕著で特にファモ社の生産が伸びなかった。一両あたりのコストは武装と通信機器を除き五万ライヒス・マルクで当時の米ドル換算で六六〇〇ドル相当だった。

Ⅱ号戦車G型（VK901）

一九三八年六月一八日に陸軍兵器局は速度向上型を求めてマン社と車台、ダイムラー・ベンツ社とは車体と砲塔契約が結ばれた。この型はⅡ号軽偵察新戦車、つまり、Ⅱ号戦車G型（VK901）で四一年から四二年に一二両製造された。以降のJ、H、M型と称された一連の試作車は全て大型五個転輪が重なり合う複合タイプだった。前面装甲は三〇ミリで側面は一五ミリ、重量は約一〇トンで最大時速はマイバッハHL45P一五〇馬力エンジンで当初六〇キロを意図したが五〇キロとなり、後に一八〇馬力のHL66Pエンジンで速度を達成した。全て二センチ戦車砲とMG34機銃搭載である。

Ⅱ号軽偵察新戦車H型（VK903）

H型は前述の試作Ⅱ号G型偵察戦車（VK901）の速力向上型（六六キロ）でVK903と称して四二年一月に一八〇馬力マイバッハHL66Pエンジンを搭載してマン社で一両試作された。

Ⅱ号軽装甲偵察新戦車J型（VK1601）

VK1601も試験型で四二年四月から二二両がマン社（砲塔はダイムラー・ベンツ）で製造された。重量は一八トン、前面装甲八〇ミリ、側面五〇ミリでエンジンは一五〇馬力のマイバッハHL45Pで最大時速三一キロだった。三九年末の計画だったが大きく遅れて四二年に第一二装甲師団に配備され、ロシア戦線で実戦評価されたが戦術的要求の変化から量産されなかった。なお、四四年に本車の砲塔を撤去してジブを備えるⅡ号戦車回収車（ベルゲパンツァーⅡ）に転換されたのが知られている。

Ⅱ号軽偵察新戦車M型（VK1301）

VK1301は四二年にマン社がH型と並行開発して四両試作の軽装甲偵察車である。こうした一連の試作経験は正式採用となる次のⅡ号軽偵察戦車L型ルクス（山猫）で生かされた。

Ⅱ号軽偵察戦車ルクス（山猫）

ルクスは兵器局との契約で既述のⅡ号軽偵察戦車Ｇ型（ＶＫ９０１）の外観設計が採用された。戦闘重量一三トンだが幾つか改良されてＶＫ１３０３と呼ばれ、無線機を搭載して設計局から八〇〇両が発注され、車台はマン社でダイムラー・ベンツ社が砲塔と組立予定だったが中止され、結局、四三年九月から四四年に一〇〇両生産だけだった。一八〇馬力マイバッハＨＬ66Ｐ六気筒エンジンと六速ＺＦ変速機搭載で時速六〇キロと快速だった。砲塔に二センチ戦車砲とＭＧ34機銃を装備し、乗員四名、前面装甲三〇ミリ、側面は二〇ミリだった。最初の三一両は六〇口径（Ｌ／60）五センチ戦車砲が搭載されたが急速に変化する戦場にマッチしなかった。

ＶＫ１６０２レオパルト（豹）

前述のルクス（山猫）の後継軽偵察戦車である。Ｊ型ベースで五センチ戦車砲搭載でマイバッハＨＬ１５７Ｐエンジンと八速ミッション装備だが中止された。しかし、車体の傾斜装甲は後のＶ号パンター戦車の参考に供された。

Ⅱ号潜水戦車（シュビームケルバーⅡ）

一九四〇年五～六月のフランス電撃戦が終了し、秋に英国上陸「オペラチオン・ゼーレベ＝あしか作戦」が計画され、バルト海のプトロス島で第二戦車連隊抽出要員によりⅡ号潜水戦車の水上航走訓練が行なわれた。兵器局の実験第六課はベルリンのアルケット社に風力三～四の状態で海上時速一〇キロを条件とするⅡ号戦車の側面転輪部に装着する浮舟キットを発注し、四二セットが完成してⅡ号潜水戦車（シュビームケルバーⅡ）浮舟車体と称された。全体は三区分されてプラスチック前身の小型セルロイド製袋を内包し、水密エンジン動力でユニバーサル・ジョイントを介して小型スクリューで推進した。車体の水密はタイヤ用ゴム・チューブを用い浮舟航走中も主砲発射が可能だった。英国侵攻中止でロシア侵攻戦で用いられた。

Ⅱ号火炎放射戦車

陸軍兵器局は一九三九年一月二一日にマン、ヴェグマン社とⅡ号戦車ＤとＥの一部を小型火炎放射装置搭載の火炎放射戦車転換要請を行なったが多少相違のあるＡ、Ｂの二種があった。四〇年七月一九日までに一六両納入で最期の九両納入は四二年一月で合計九二両（一一五両説もある）が改造され四二年四月一日から戦車大隊の近接支援車両として投入された。重量一一トンで二基の火炎放射管を装備し、一八〇度の放射角を有していた。火炎燃料は二～三秒連続で八〇回ほどの放射が可能で到達距離は三五メートルだった。なお、防御用武装はＭＧ34機銃一挺である。

Ⅱ号一五センチｓＩＧ33重歩兵砲搭載自走砲

一九四一年に一五センチ重歩兵砲搭載自走砲がⅡ号戦車から一二両転換されたが、砲が大きく車体幅三二センチと長さ六〇センチが拡充された。本車は四二年に北アフリカ戦線で用いられた。

Ⅱ号Ｄ型七・六二センチ対戦車砲搭載自走砲

装甲戦闘車両不足から戦車の車台に火砲搭載自走砲への改造が進められたが、Ⅱ号戦車改造自走砲は相対的に成功とは言い難かった。ドイツ軍は初期戦の勝利で大量のソビエト兵器を捕獲したが、中に性能の良い七・六二センチ対戦車砲があった。四一年一二月二〇日にII号戦車D型の車台に同砲を搭載の対戦車砲製造契約がアルケット社と結ばれて四二年四月から四三年六月までに二〇一両が製造された。

II号D型七・五センチ対戦車砲搭載自走砲（マルダーII）

次はII号戦車の車台にドイツ製七・五センチ対戦車砲（PaK40）搭載自走砲が計画されて四二年六月から四三年六月までにII号戦車c、A、B、C型をベースにファモ、マン、ダイムラー・ベンツの各社で五七六両が製造されたほかに七五両が転換されて、別称マルダーIIとして知られる自走砲となった。上部解放の箱型戦闘室は敵弾の破片に対して脆弱だったが、ロシア戦線でソビエト戦車の攻撃から歩兵を防御する対戦車戦闘用の防御兵器として有効だった。

一〇・五センチ軽野戦榴弾砲搭載自走砲ヴェスペ（雀蜂）

一九四四年二月二七日にヒトラーが命名した自走砲ヴェスペは通常のII号戦車の車台に一〇・五センチ軽野戦榴弾砲を搭載したが威力があった。主生産社はマン社が車台でアルケット社が装甲を、ラインメタル・ボルジク社は主砲で生産はワルシャワのファモ社で行なわれた。重量一一トンの急造自走砲だが効果的な戦闘車両で弾薬は三二発を搭載し、装甲は前面二〇ミリ～三〇ミリだった。ヴェスペは六八三両が四三年から四四年に生産されて砲兵隊や装甲砲兵大隊に装備された。

II号五センチ対戦車砲搭載自走砲

軽駆逐戦車（ライヒター・パンツァーヤーガー）と称されて四二年にマン社で二両製造の自走砲だが量産されなかった。

II号弾薬運搬車、II号架橋戦車、II号爆薬搬送車

また、II号戦車の車台を用いたヴェスペ用の弾薬運搬車（ヴェスペから砲を撤去して砲弾五〇発を搭載）が一五八両製造されて前線で弾薬補給に活躍した。これら以外にII号架橋戦車の実験型、II号戦車のA～C型を少数改造した爆薬搬送戦車と、II号戦車の砲塔を大西洋要塞などの陣地固定砲として転換するなど大戦末期までよく利用された。

ポーランド戦時に用いられた白十字マークが残された手前の車体番号21009は25両製造された極初期のII号b型の生産9号車で戦闘室前方は後のF型の装甲窓に交換されている。訓練車両と思われるがミステリアスなショットである。

35(t)/38(t)戦車と派生型

(Panzerkampfwagen 35(t)/38(t) & variants)

【35 (t)戦車と派生型】

1940年５月、西方電撃戦時にフランスを進撃する第６装甲師団の35（t）軽戦車群で143両が配備され106両が稼働していた。チェコ併合後の1939年にドイツ軍は35（t）軽戦車219両を接収して戦車不足だった装甲師団に配備して凌いだ。

1937年にチェコのCKD社（チェコスロバキア・コールベン・ダネク）で開発され1938年のドイツへの併合後にチェコ陸軍から219両を接収した。以降、スコダ社が加わって432両が生産された。写真は35（t）軽戦車の量産1号車である。

第1軽師団（のちの6装甲師団）第65戦車大隊1中隊1小隊2号車（112）の35（t）戦車で白十字の彼我識別マークを砲塔側面に描いているがポーランド軍のよき射撃目標となったので、のちに国籍記号を白枠で囲むマーキングに変わった。

第11戦車連隊5中隊2小隊2号車（522）の鮮明な側面写真だが4個転輪を1組2ユニットにして板バネで纏める複雑な懸架装置が見られる。ヒトラー命令で10個装甲師団に増強されてもう1種のチェコ製38（t）戦車とともに初期戦で効果的な役割を果たした。

1940年のフランス戦時の第６装甲師団第11戦車連隊第56戦車大隊本部（A01マーキング）の35(t)戦車で、左側の車両は後部デッキに大型のフレームタイプの無線アンテナを装備した通信小隊の指揮戦車である。

左）旧式となった35（t）戦車の残存車も最後まで活用された。1944年５月までに装甲火砲牽引車に36両が転換されて25トン能力の牽引具を後部に装備していた。

1940年に第６装甲師団第11戦車連隊所属の35（t）軽戦車の車上に２分割型架橋を搭載しての実験中の一齣だが本車の架橋戦車型の写真は珍しい。

【38(t)戦車と派生型】

整備中の38（t）A型指揮戦車で前方ロッド・アンテナ基部のパイプ状突起はチェコ・オリジナルだった管状横置きで後方へ延びる無線アンテナ部のカット跡で、車体前方の記号は向かって左から第５装甲師団、グデーリアン装甲集団、無線小隊の各マークである。

1940年撮影の38（t）戦車でドイツ側の識別写真。ドイツのチェコ併合でCKD社（のちBMM社）のLTvz.38のチェコ陸軍発注分150両はドイツの初期装甲師団装備となった。1942年までに1400両が生産され以降の車体は自走砲に多用された。

初期チェコ・タイプのLT.vz.38の形状を残すドイツ軍使用の38（t）Aだが特徴の管状アンテナが車体側面にありチェコ・オリジナルのバックミラーがロッド・アンテナ基部フェンダー上に認められる。ロシア戦時に772両がドイツ装甲師団群に配備された。

1940年５月～６月のフランス電撃戦時に英仏海峡へ達した装甲師団の38（t）AかB型である。フランス戦では38（t）戦車は228両が用いられたが信頼性が高く極めて稼働率が良かった。

V-3025の車両番号を描いたスロバキア快速師団の38（t）C／D型である。スロバキアは45000名をロシア戦線に派遣してスロバキア第１機動歩兵師団（別名快速師団）が1942年のカフカス進撃とロストフ攻撃に参加している。

38（t）D型（105両）で砲塔上車長キューポラ（皿型ハッチは補給用に外されている）と、向かって右下フェンダー上にドイツ・タイプの管制灯や無線手用の斜め配置三角形バックミラーが見られる。前方解放ハッチは無線手席で左方凹んだ部分がドライバー席でドイツ戦車と反対配置である。

B03号車は無線アンテナが増設された38（t）E／F型指揮戦車（前面装甲25ミリ＋25ミリ強化型）で前方ハッチ上の乗員は無線／銃手で直下の撤去されたZB機銃跡の円形蓋上に第３装甲師団マークが見られる。E型は275両でF型は250両生産だった。

38（t）G型で車体前面装甲板は３個のボルト留めだけである。最前線から引き揚げられた38（t）戦車は装甲列車の前後に配置されて対パルチザン戦など２線級任務で使用された。最終生産G型は342両が戦車として完成した。

1941年〜42年、ロシア北方戦線レニングラード付近で作戦中の38（t）G型指揮戦車で324両ほどが転換されたが車体前方の機銃を撤去して装甲蓋で覆っているのが見られる。38（t）戦車を50両以上装備したルーマニア軍の車両であろう。

旧式になった38（t）G型は前面機銃を撤去して1944年以降は対武装パルチザン戦に用いられた。装甲列車の先頭と最後尾に連結される装甲平貨車上に搭載された38（t）Gでランプから地上に降りるデモンストレーション時の撮影だがG型の特徴がよくわかる。

ロシア戦線における38(t)S型。S型はCKD社とスウェーデンとの契約輸出型だったが併合によりドイツが押さえて321両を生産した型だった。基本的にC／D型ベースだが前方機銃を撤去し装甲蓋で閉鎖された。S型の多くがチェコの快速師団に供給された。

1941夏のロシア侵攻戦時にリトアニアを通過する第7装甲師団の38（t）指揮戦車だが車体後部に大型フレームタイプ無線アンテナを装備しているが手前の車両の右後部下に通信小隊マークが見られる。なお、長距離通信機を搭載するために前方機銃は撤去していた。

VK1301偵察戦車の競作車としてチェコのスコダ社で5両試作されたT-15の珍しい写真である。T-15は乗員4名で重量は11トン、250馬力のV-8プラガ・エンジンを搭載し武装は3.7センチ戦車砲とMG34機銃装備だったが採用されなかった。

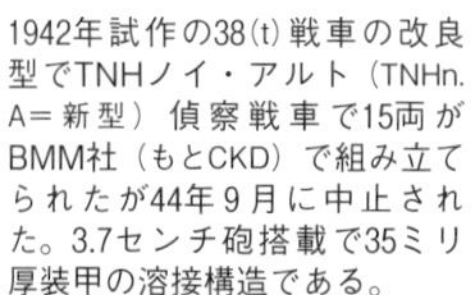

1942年試作の38(t)戦車の改良型でTNHノイ・アルト（TNHn.A＝新型）偵察戦車で15両がBMM社（もとCKD）で組み立てられたが44年9月に中止された。3.7センチ砲搭載で35ミリ厚装甲の溶接構造である。

同じ新偵察戦車の後部に搭載された250馬力プラガV-8エンジン部を示すが最高時速は62キロと快速で成功作だった。

1943年～44年にかけて戦場から戻る38（t）から50両が改造された２センチ砲搭載の装甲偵察車であるが車体前方左右に３連装対歩兵近接兵器の煙弾／擲弾発射筒が見られる。チェコのBMM社の提案車両である。

前方から見た２センチ砲搭載装甲偵察車で上部砲塔と武装などは４輪装甲車Sdkfz.222と同じものを使用した。なお、後述するが同時期に提案された短砲身7.5センチ砲搭載車もあった。

1940年の英国侵攻「あざらし作戦」用に数種の潜水戦車が開発された。これは、チェコのCKD社試作のシュビーム・パンツァー38（t）だが生産されなかった。水上航行用の浮舟キットと砲塔後部の高位置に取り付けられた防水排気管キットが見られる。

1943年のロシアの冬季戦場を行くハンガリー軍が用いる38（t）戦車の砲塔を取り外した弾薬運搬車。旧式化した38（t）戦車は次第に前線から引き揚げられ、弾薬運搬車や牽引車などの支援車両に改造されて大戦最後まで運用された。

【駆逐戦車38 (t) ヘッツァー (Jagdpanzer 38 (t)】

駆逐戦車38（t）ヘッツァーは大戦末期の1944年４月から45年５月までチェコのBMM（旧CKD）社で2585両（部隊納入2496両）が生産された。写真は初期型で前面の戦車兵の背丈と比較して2.17メートルと極めて低い姿勢なことがわかる。兵が手をかけるザウコプフ（豚鼻）主砲防盾部は60ミリの装甲厚だった。

1944年1月26日、BMM社での駆逐戦車ヘッツァーのモックアップ（木型模型）。装甲兵上級大将グデーリアンによる従来型自走砲に代わる強装甲と低姿勢な対戦車戦闘車両の要求から生まれたのが本車だが当初は7.5センチ砲搭載新突撃砲38（t）と称された。

BMM社で撮影された迷彩塗装を施した駆逐戦車ヘッツァーで主砲防盾形状は後期型を示している。信頼度の高い38（t）戦車の車台をそのまま用いて適度な傾斜を有する箱型装甲戦闘室に砲口制退器のない7.5センチ対戦車砲（PaK39）を搭載した。

チェコのBMM社で量産中の駆逐戦車38（t）初期型。1944年2月～3月に23両が納入されて以降、毎月1000両生産が計画されたが連合軍の爆撃で部品供給が途絶えてしまい果たせなかった。

1945年春に東欧州シレジア（現ポーランド）方面の防衛戦後に放棄された駆逐戦車38（t）で後部誘導輪に大型孔が見られる後期型である。一般的な名称のヘッツァー（狩る）は登録名ではなく将兵はヤークトパンツァー（駆逐戦車）38と呼んでいたとされる。

幅広な主砲防盾を有する駆逐戦車38（t）ヘッツァーの後期型で戦闘室頂部にリモート機銃架が見られる。50センチ車体幅を広げているが戦闘室が狭く主砲の俯仰角度が限定されて戦闘力に影響を与えた。

1944年末に20両だけ駆逐戦車38（t）ヘッツァーから転換された火炎放射戦車38（t）でヒトラー最後の攻勢ラインの守り作戦（バルジ戦）時に米軍に捕獲された車両で主砲状の筒内に口径14ミリの火炎放射器41を装備していた。

45年１月、バルジ戦後期に米100歩兵師団に捕獲された17SS師団ゲッツ・フォン・ベルリンゲン所属の火炎放射戦車38（t）だが放射管カバーは外されている。放射燃料700リットルで連続放射は88秒で放射距離50〜60メートルだった。

右）後部に鋤を装備した戦車回収車38(t)ヘッツァー（ベルゲパンツァー38(t)ヘッツァー）は駆逐戦車38（t）ヘッツァー利用で新造106両、転換64両で計170両が製造され主にヘッツァー部隊で車両回収に用いたがエンジン出力が低く成功作ではなかった。

【38(t)自走砲(Panzerjager 38(t))】

旧式なⅡ号戦車の自走砲化に続き38（t）戦車の車台利用の対戦車自走砲（パンツァーヤーガー）は３種生産された。最初の車両はヒトラー命名のマルダーⅢでソビエト捕獲の7.62センチ対戦車砲搭載車で1942年に344両（プラス19両転換）生産された。写真はロシア戦線におけるマルダーⅢ。

鉄道輸送されるマルダーⅢ自走砲。３シリーズ生産中最後の150両は重量のせいで速度が遅く1942年７月から38（t）H型車台と150馬力エンジンに強化された。この型は66両が北アフリカ戦線の第15装甲師団の駆逐戦車大隊に配備されている。

1944年夏、フランスのアミアン地区の第10装甲師団90駆逐戦車大隊のマルダーⅢ自走砲で初期のロシア電撃戦で捕獲した長砲身のソビエトの76.2ミリ対戦車砲を装備している。後方に１トン型半装軌車Sdkfz.10が続行する。

同じマルダーⅢシリーズだがドイツ製の7.5センチ対戦車砲（PaK40/3）を38(t)H型車台（G型と同じ）戦闘室に搭載した対戦車自走砲である。戦闘室装甲厚も15ミリになり乗員保護が改善された。1942年〜43年に242両（他に転換175両）が生産された。

7.5センチ対戦車砲搭載38（t）Hで訓練中の一齣。H型車台はG型に準ずるがエンジン出力向上の140馬力プラガEPA-2エンジン搭載で重量増加を支えた。1942年後半から空軍野戦師団、SS、陸軍の駆逐戦車部隊に装備された。

7.5センチ砲搭載38（t）M対戦車自走砲で975両が生産されて防衛戦の対戦車戦闘で重要な役割を果たした。1944年の西方戦線ベルギーにおける空軍野戦師団の装備車両である。操縦席がドイツ式とは異なるオリジナルの右側のままであるのに注意。

上方から見たマルダー対戦車自走砲（38(t)M）の戦闘室内部だが7.5センチ対戦車砲（PaK40/３）の砲防盾部、砲尾と砲弾装填部、周囲の装甲板の配置など普段見えない部分が興味深い。

成功作だった15センチ重歩兵砲（sIG33/２）搭載38（t）Mグリレの試作車両。38（t）の車台の多くが対戦車戦闘自走砲に利用され、また、途中生産中止などもありBMM社での本車の生産数は179両にとどまった。

1943年の夏に視界が曇るほどの塵埃の中を行軍するのはロシア戦線クルスク会戦時の15センチ重歩兵砲33（SIG33/１）搭載グリレである。決戦時までにH型車台を用いた90両が生産された。

既述の重自走砲グリレの評判は良かったが38（t）M型車体が生産終了となり駆逐戦車ヘッツァーの車台へ15センチ重歩兵砲を搭載する自走砲が戦争終了直前に６両転換された珍しい写真である。

これは38（t）戦車に初期のⅣ号戦車に搭載されていた短砲身7.5センチ砲を装備した国民偵察戦車（フォルケッテンアウフクレーラァー38(t)）のBMM社工場におけるモックアップの珍写真である。ある記録によれば24両転換予定だったが２両完成とされる。

連合軍の航空脅威により1943年末から緊急防空用に毎分1220発という高発射速度の２センチ砲（FlaK38）搭載の38（t）M対空戦車の生産がBMM社（CKD社）で行なわれて141両が完成した。

1944年夏のノルマンディ戦線における第12SS装甲師団ヒトラー・ユーゲントの２センチ砲搭載38（t）対空戦車で後部戦闘室側面パネルが外側へ開かれ２センチ砲を上空へ向け360度射撃可能な戦闘態勢にある。対空戦車は損耗が激しくて44年12月の西方戦線で９両残存のみだった。

1943年のⅢ号/Ⅳ号戦車のコンポーネント利用で8.8センチ対戦車砲搭載の武器運搬車が重量問題で頓挫し44年２月に再び新仕様の軽武器運搬車開発が行なわれ45年の生産を予定したが8.8、10.5センチ砲搭載の数種の試作車のみに終わった。

クルップ＝シュタイヤーの軽武器運搬車の試作型で38（t）の車台を延長した38（d）（d＝ドイッチェ）に8.8センチ対戦車砲43／3を搭載した。なお、武器運搬車プロジェクト全般はクルップ社の主導で進められた。

アーデルト社開発の8.8センチ砲搭載軽武器運搬車の試作型でクルップ＝シュタイヤー履帯を装着している。なお、並行計画の中型武器運搬車10.5センチ砲搭載（ゲレト〈兵器〉578）、12.8センチ砲搭載ゲレト579、15センチ重歩兵砲搭載ゲレト577もあった。

35(t)/38(t)戦車と派生型

35(t)軽戦車

一九三九年三月一九日にドイツはチェコ・スロバキア共和国を併合して兵器と戦車はドイツ軍に接収され、軍備拡大で戦車不足に悩む装甲師団に配備された。チェコのスコダ社で開発生産された重量一〇・五トンのLTM35は斬新設計のコンパクト戦車で性能に優れ、チェコ陸軍軽戦車として使用されたほかに輸出も行なわれていたが、ドイツ軍で35(t)軽戦車となった。

三九年九月のポーランド侵攻戦では二〇二両、四〇年のフランス侵攻戦では二二八両が参加し、その後、四一年夏のロシア侵攻戦時でも一〇六両が稼働した。主砲は四〇口径三・七センチで二挺の機関銃を装備した。車体装甲は旧式なリベット止め構造で装甲は前面二五ミリ、側面一六ミリでスコダ社の一二〇馬力四気筒T11・八・五リットル・ガソリン・エンジンで最大時速は三五キロだった。航続力は路上で一八〇キロ、路外地で一一五キロである。生産数は三五年〜三八年に四二四両だったがチェコ陸軍で就役中の二一九両も接収された。本車はエンジン全長が短く起動輪の後部配置で駆動系統の干渉を排除して戦闘室空間を生み、圧搾空気作動の変速装置と操縦装置は操縦手の労力を減じた。だが、ロシアの極寒地の戦場では故障の原因となり、ドイツ側で機械式変速器と交換した。懸架装置は簡便で転輪の重量配分を等分できる操向装置で平均時速二五〜三五キロだった。

履帯と転輪の寿命は四〇〇〇〜八〇〇〇キロでサスペンションの寿命とともに注目に値した。ただし、優れた車両だが装甲板のリベット止め構造は溶接構造のドイツ戦車と比較すると防御面で脆弱だった。初期戦を除けば35(t)軽戦車は完全に旧式となり前線から引き揚げられ、車台を利用して乗員二名の榴弾砲牽引車35(t)や重砲牽引車35(t)となり修理部隊に所属し、車両回収では一二トン級車両まで牽引できた。また、本車はルーマニア陸軍ではLTM35、イタリア陸軍およびハンガリー陸軍でも少数が使用された。

38(t)軽戦車

もう一種のチェコ製は38(t)軽戦車である。もとはTNHP(LTvz・38)と称し、一九三八年からチェコ・プラハのCKD(チェコ・モラビスカ・コールベンダネク社でのちにBMM社=ボヘミッシュ・マーリッシュ・マシーネンファブリクAG)で生産された当時の新鋭戦車で、ドイツ管理下で四二年まで生産されたが四〇年一一月一日付の記録によれば月産四〇両を計画していた。本車は頑丈で機械的な信頼性に富み、Ⅲ号戦車の供給が充分でなかった四〇〜四一年時のドイツ戦車の四分の一を本車が占めたという事実に高い実用性を見ることができる。

三九年九月のポーランド戦では九八両が参加し、翌四〇年五月のフランス戦では稼働二二八両が主に第七と第八装甲師団で用いられた。ロシア侵攻戦開始時の四一年六月下旬の時点で七七二両があり、四二年四月でもまだ五五二両が在籍したが、四一年末以降になると砲力がソビエト戦車に対抗できなくなった。

38(t)A型

派生型はAからGとS型まであり A、B、

C型は外観的に右前方の操縦手席後方へ下がり段差は曲線処理されていた。元々ドイツ戦車は左操縦席でありチェコ戦車は右側操縦席という特徴があった。A型はチェコ陸軍発注分の一五〇両を接収して、のちにドイツ製無線機やアンテナなどが追加され、三九年五月〜一一月に生産された。乗員は四名で一人用砲塔は二名用に改正された。重量は九・七トン、プラガEPA7／七リットル六気筒ガソリン・エンジンを搭載して最大時速四二キロである。車台番号1601から改良したEPA／ACエンジンはツイン・キャブレーターで回転数を上げて一五〇馬力を発生した。主砲はスコダA・7・四八・七口径三・七センチ戦車砲で同軸に七・九ミリ機銃を装備した。プラガ・ウィルソン・プレセレクター（自動変速）五速変速器で変速操作が簡単になり、二段遊星歯車で前方起動輪を作動させ、車体両側に四個の大型転輪を配してリーフ・スプリング懸架方式だった。当初の型はチェコ併合前に広く各国に輸出されたほかにライセンス生産も行なわれ、スウェーデン、スイス、ペルーなどの陸軍でも使用されていた。

38（t）B型、C型、D型

B、C、D型は一九四〇年中に三二五両生産されたが外部の格納箱の追加（B型—一一〇両）、砲塔環周囲の砲弾片防止と排気管位置を高くした（C型—一一〇両）など細部改良だった。また、外観的にA〜C型の前面装甲は二五ミリの曲面構成（段差）だがD型（一〇五両）では三〇ミリの直線板構造となった。

38（t）E、F型

E型（二七五両）とF型（二五〇両）は四〇年一一月から四一年五月まで生産されたが、直線構造の前面二五ミリ装甲に二五ミリ増加装甲が付加され、発煙筒格納装甲箱が付加された。

38（t）G型

G型は最後の量産型で五〇〇両生産予定に対して四一年〜四二年に三四二両が生産され、前面五〇ミリ装甲と一部にドイツ式溶接構造を採用した生産簡易型だった。

38（t）H型、K型、L型、M型

H型は戦車とならず車台が自走砲に転用された。K、L、M型はエンジンを車台の中央配置とした自走砲用だった。

38（t）S型

このほかに一九三九年にスウェーデン発注のA〜C型と同じ九〇両をドイツ軍が接収使用した型を38（t）S型と称した。その後、E、F型の前面五〇ミリ装甲などが入り混じり四一年から四二年にかけて三二一両が生産され、多くはスロバキア陸軍の快速師団で用いられた。

T15とT25戦車

一九四二年にドイツ陸軍兵器局の要請でピルゼンのスコダ社が二種の革新的な車両を計画した。一つは一〇・五トン型でT15と称し、もう一種は二二トンのT25だが、いずれも時速六〇キロが可能な快速偵察戦車だった。T15は重量比トンあたり二一馬力で機械式変速機と後輪駆動で武装は三・七センチ砲搭載、装甲は一五ミリ〜二〇ミリで後に傾斜装甲型の五〇ミリとなった。なお、七・五センチ砲を搭載して六輪大型転輪を有するT25の実車は完成せず基本設

計のみが今日残されている。

38（t）指揮戦車

指揮戦車（パンツァーベフェルスワーゲン）は38（t）の各型から転換され初期型は大型フレーム無線アンテナ（のちにロッド・アンテナ）を車体後部に設置し、指揮用無線装備のために前面機銃と機銃架を廃止し円形装甲蓋で閉鎖していた。同じく長距離無線機搭載の38（t）G型指揮戦車も同様に前面機銃口を円形装甲蓋で閉鎖しロッド・アンテナを装備した。

38（t）新型軽偵察戦車

一九四二年初期に溶接砲塔に三・七センチ砲を搭載し二五〇馬力V８エンジンで時速六二キロという快速車だが、一五両がＢＭＭ社（ＣＫＤ）で製造されたのみで戦場環境の変化から開発は中止された。

偵察戦車38（t）

一九四三年後半にもう一種の偵察戦車が計画された。複雑地形の走破性が問われて、実戦実証済みの38（t）戦車の車体上に四輪軽装甲車の二センチ砲装備の砲塔を搭載して偵察戦車とした。四四年前半に五〇両が転換され、四四年に東部と西部戦線で使用された。また、四四年からクルップ社で38（t）戦車の車体にⅣ号戦車の四八口径の長砲身七・五センチ戦車砲を搭載する計画があったが過荷重により実現しなかった。

38（t）潜水戦車

このほかに変わった試作車両として英国への上陸戦用にＣＫＤ（スコダ）社で開発された38（t）ベースの潜水戦車があり五両製造されたとされる。ザクセンベルグ社の浮舟キットを戦車の周囲に設置して時速九～一〇キロの水上航行方式だった。

38（t）弾薬運搬車

後述する一五センチ重歩兵砲搭載自走砲グリレ用の弾薬運搬車（ムニツィオーンフアールツォイク38（t））が一九四四年前半にＭ型車台利用で一〇二両がＢＭＭ社で製造され弾薬四〇発を運搬した。

対空戦車38（t）

一九四三年からの連合国空軍による航空攻撃の脅威に対抗すべく二センチ対空砲搭載の対空戦車（フラックパンツァー）38（t）が四三年一〇月に供用されて対空任務についた。重量九・八トンで最初の対空戦車は連合軍機の迎撃に効果的ではなかったが四三年から四四年にかけて一六二両が生産された。

駆逐戦車（ヤークトパンツァー）38（t）ヘッツァー

歩兵を支援するⅢ号突撃砲が効果的な装甲戦闘車両となったので38（t）軽戦車の車台利用の戦闘車両が考えられ、四四年一一月一日の指令652／63で駆逐戦車38（t）ヘッツァー（狩猟）となった。コンパクトながらよく進化し、かつ対戦車戦闘に適した車両となり、四四年五月から前線歩兵師団の駆逐戦車大隊に配備された。なお、大戦後もチェコ陸軍用やスイス陸軍（G13として一五八両）用にスコダ社で戦後の四六年～四七年にかけて生産が行なわれた。

重量一六トンで車体の履帯幅は一七・八センチから二一・三センチと広くなり踏破性が向上し、改良プラガＡＣ２エンジンは毎分二八〇〇回転で一六〇馬力となり最大時速四二キロが可能になった。燃料タンクは二一八リットルから三二〇リットルに増加し、前面装甲は六〇ミリで、主砲は四八口径七・五センチ対戦車砲である。乗員は四名で箱型戦闘室は四周が上方へ狭まるように適度に傾斜し耐弾性が優れていた。三六〇度の射界を有する機関銃は戦闘室頂部にあり接近歩兵に対して有効だが、小型の戦闘室内は非常に窮屈だった。無線機は標準の極超短波のFuG5だが、指揮車両は強力なFuG8無線送受信機を搭載した。生産はチェコのBMW社とケーニッヒグラッツ（北部のフラデツ―クラロベ）のスコダ社で四四年四月から行なわれて一五七七両が戦線へ送られた。引き続き四四年九月から四五年五月までスコダ社にて七五〇両生産で合計は二三二七両だが、四四年にクルップ社も生産に参画してヘッツァーが搭載する主砲製造を分担した。

ここで38（t）軽戦車の車体にV号パンター戦車用の七〇口径七・五センチ砲（設計番号BZ3471・一九四四年一一月二四日付指令）の搭載が計画され、次いでⅣ号戦車の砲塔搭載案へと進むが実現しなかった。

38（t）火炎放射戦車ヘッツァー

この車両は全体的にヘッツァーと同じだが七・五センチ対戦車砲に代わって放射距離五〇～六〇メートルの火炎放射管を装備して四四年一二月に二〇両がBMM社で転換されるとアルデンヌ攻勢時（バルジ戦）で用いられた。

戦車回収車ヘッツァー
（ベルゲパンツァー38（t）ヘッツァー）

ベルゲパンツァー38（t）ヘッツァーは上部戦闘室と武装を撤去して四四年～四五年に二種類一七〇両（うち転換車六四両）が製造されて地味だが重要な戦車回収任務でよく活動した。

一五センチ重歩兵砲搭載駆逐戦車38（t）ヘッツァー

sIG33重歩兵砲搭載の駆逐戦車でやはりヘッツァーと称されて38（t）M型車台から四四年一二月以降にBMM社で三〇両（転換車六両を含む）が製造されたが大量生産計画は中止された。

38（t）対戦車自走砲（マルダー）

七・六二センチ砲搭載対戦車自走砲（パンツァーヤーガー）38（t）

一九四一年六月から開始されたロシア侵攻戦以降、前線部隊の効果的な対戦車戦闘車両供給の強い要請に従い、同年一二月二二日に兵器局は暫定措置として対戦車自走車両の生産を決定して三種（一般的にマルダー・シリーズ）が開発された。第一はソビエトから捕獲した七・六二センチ軽野砲と対戦車砲の車輪部を撤去して砲防盾を設置し、38（t）戦車の車台上にボルト接合で箱型装甲戦闘室へ搭載したが、三種ともに上部開放式で砲弾片など乗員に危険なままだった。砲手と装填手は前方と側面装甲板で防護されるが小銃と機関銃の徹甲弾のみに有効だった。操縦手と無線手席は38（t）戦車と同じ配置で砲弾三〇発を携行した。重量一〇・八トンで四四年二月二七日にヒトラー命令でマルダーⅢ（動物のてん）の名が付与された。生産はプラハのBMM社で四二年三月二四日に月産一七両からスタートして最終目標は月産三〇両だった。同年五月一五日に一〇〇両が追加発注され、八～九月は月産三〇両となり計三四四両が生産されたが、ほかに38（t）戦車からの転換が一九両あった。

七・五センチ対戦車砲40／3搭載自走砲

第二の型もヒトラー命令（総統指令第6772／42g）で四二年五月一八日から開発が行なわれた。これは同車体だがドイツ製七・五センチ対戦車砲40／30を搭載する一〇・八トンの対戦車自走砲で四三年春までに二四二両生産で四三年に一七五両が転換された。動力強化のH型車台エンジンは従来同様に後部搭載だが出力一五〇馬力で試作車は四二年六月に完成した。

七・五センチPaK40／3搭載対戦車自走砲38（t）M型

第三の対戦車自走砲マルダーⅢも同じくドイツ製七・五センチPaK40／3搭載車だが、車台は中央部エンジン搭載のM型で箱型戦闘室を後部へ移して重量一〇・五トンである。四三年四月から四四年五月までに九七五両が前線へ送られたが、このマルダー対戦車自走砲系列は一九四四年まで対戦車砲部隊の中核をなしていた。

一五センチ重歩兵砲搭載自走砲グリレ

38（t）H型とM型車台を用いた二種の重自走砲グリレの最初のものはエンジン後方搭載のH型車台上の中央に戦闘室を配置した型で、四三年前半に九〇両がBMM社で生産された。第二の型は中央エンジン搭載のM型車台上の後方に戦闘室を配置して整備性と戦闘室スペースの確保が容易となった。同じ一五センチ重歩兵砲を搭載して四三年後半に二八二両が生産された。両種は装甲師団の機械化歩兵砲中隊に配備され、北アフリカからロシア戦線まで強火力を生かして防御戦闘で運用された。

一〇・五センチ砲搭載38（d）対戦車砲搭載自走砲

38（t）戦車の車台を用いる四五年以降の軽装甲戦闘車両の発展計画が進められ、エンジンは空冷タトラ三・一二気筒ディーゼル・エンジンで二一〇馬力を予定した。四五年二月から二種が設計された。一種は後部エンジン装備型の七・五センチ砲搭載38（d）対戦車自走砲38（d）（W1807）である。もう一種は一〇・五センチ砲搭載38（d）対戦車砲搭載自走砲（W1806）で中央エンジン搭載型である。これらは大戦末期に優先順位が上げられて月産二〇〇〇両（後述の軽武器運搬車と偵察車両を含んでいた）が予定されたが試作のみに終わった。

軽武器運搬車38（d）

また、重量があり中止されたⅢ号／Ⅳ号武器運搬車に代わって、進化した38（d＝ドイツ車台）車台上に三六〇度回転可能な砲架と必要に応じて異なる大口径砲を搭載して戦場へ運ぶ幾種かの軽武器運搬車がクルップ社主導で開発された。車台を延長し各側四個の転輪を備える38（d）利用で前部エンジン搭載と変速機再配置、および後部に砲を搭載して弾薬格納スペースを確保した。姿勢が低く操縦席頭上も狭く乗員は特殊な戦車ヘルメットで頭部を防護した。八・八センチ対戦車砲か一〇・五センチ軽野戦榴弾砲を搭載して重量は一四トンだった。この多目的車両は火砲搭載時には主砲となり弾薬車や牽引車としての使用も考慮された。

八・八センチ対戦車砲搭載車

一〇・五センチ軽野戦榴弾砲搭載車

この種類はラインメタル社の試作車、クルップ社＝シュタイヤー社の試作車、アーデルト社の試作車などが開発された。四五年以降に対戦車砲や自走砲に置き換えられるというユニークな計画だったが戦況悪化が生産を許さなかった。また、中型武器運搬車として一〇・五センチ、一二・八センチ、一五センチ重歩兵砲搭載車が計画されて、一〇・五センチ軽野戦榴弾砲搭載車が試作された。

余談だが38（t）戦車の懸架装置、変速機は信頼性が高かったので、戦後になってチェコのCKD（スコダ）社はこの車両を軍用、民用として自社製品の一つとした。結論として旧チェコ陸軍の軽戦車は充分な戦車生産能力のなかったドイツのⅢ号、Ⅳ号戦車を補うのに大きな価値があったのである。

1941年夏のロシア侵攻戦の38（t）軽戦車で砲塔周囲に天幕などの野営用具を取付け戦車後部には長距離行軍用の燃料缶を搭載している。同年12月の段階で38（t）戦車は796両も稼働していた。

1945年春のドイツ本土防衛戦で放棄された駆逐戦車38（t）ヘッツァーの後期型で戦闘室が極端に狭い不利があったものの小型軽量で有効な機動防衛戦闘車両だった。右方に小銃を背負い自転車で撤退してゆく兵士と避難する民間人が見える。

Ⅲ号戦車と派生型
(Panzerkampfwagen Ⅲ & variants)

Ⅲ号戦車は1937年から42年までに約6100両が生産された二次大戦前半のドイツ装甲部隊の主力戦車だった。これは41年春のバルカン侵攻戦中のⅢ号E型戦車であるがこの型から５個転輪とトーションバー懸架装置が採用された優れた戦車となった。

クルップ社におけるⅢ号戦車の木型模型（モックアップ）を示す。開発は1935年から開始されたが全体的なデザインは以降に続く実車にそのまま継承されていることがわかる。左端はクルップ・タイプの多砲塔型新戦車と思われる。

Ⅲ号戦車の競作はMAN、ダイムラー・ベンツ、ラインメタル・ボルジク、クルップの各社で行なわれて秘匿名称をZW（ツークフューラーワーゲン＝小隊長車）と称した。写真はクルップ社でMKAと呼ばれた試作車である。

3.7センチ砲とMG34機銃２挺装備のダイムラー・ベンツ社のⅢ号戦車A型の超壕試験中の一齣である。懸架装置はコイル・スプリング独立懸架方式と５個の大型転輪となり1937年に10両が製造されて39年９月のポーランド戦で使用された。

Ⅲ号A型戦車の斜め上方からの写真だが、のちのすっきりした溶接構造車体と比べるとまだ多く旧式なリベット留め構造が用いられているのがわかる。戦車兵の服装などから訓練時の撮影と思われるが車体番号60106は生産６号車を写した貴重な１枚である。

Ⅲ号B型戦車で1937年に15両だけ生産された。B型では戦車の重量を８個の小型転輪と３セットのリーフスプリングで支える方式に改めた。A、B、C、D型までの総生産数は70両だがリーフスプリングの向きを変えるなど懸架装置の実験的段階車両だった。

珍しいポーランド戦時のⅢ号C型であるがC型とD型では３セットのリーフスプリングの配置や向きが若干異なっていた。主力戦車だったが二次大戦開始時に最初の実戦量産車であるE型を加えても在籍数は148両に過ぎなかった。

砲塔後部に彼我識別とポーランド侵攻マーキングの白十字を描いたⅢ号D型戦車。懸架装置で転輪を支える３セットのリーフスプリングのうち左右外側の２セットに斜めの角度がついていた。D型の生産数は1938年に30両だった。

工場で撮影されたⅢ号戦車E／F型だが上方からの写真で車体後部の牽引索、左右網目状の排気グリル、砲塔後部へ張り出した車長キューポラと２枚分割ハッチ、円形状２個のシグナル・ポート、砲塔前面の内装式砲防盾と3.7センチ主砲と右側のMG34機銃も見られる。

96両生産されたⅢ号戦車E型の識別用写真。D型までは砲塔側面の１枚ハッチがE型から２分割ハッチとなり車体側面やや前方に乗員用脱出ハッチも認められる。E／F型は40年８月〜42年にかけて砲力不足の3.7センチ砲から短砲身５センチ砲に逐次転換された。

訓練中のⅢ号戦車E型で５中隊３小隊１号車（531）。E型は最初の本格的な量産戦車となり、それまでのリーフスプリングによる実験的懸架装置からがらりと変わったトーションバー方式となり成功した。車体前方左右に円形のブラック・アウト・ライトが見える。

これは1941年／42年冬季の東部戦線で白色塗装を施したⅢ号戦車F型である。第４装甲師団第35戦車連隊の所属で左はシュナイダー伍長、戦車上の乗員はケーネンカンプで個人的に撮影されたスナップショットである。この年の末にⅢ号戦車は660両が活動した。

Ⅲ号戦車の狭い砲塔内を撮影したカット。3.7センチ主砲の薬室（閉鎖器）へ装填手が砲弾を装弾中であるがE／F型では対戦車榴弾131発を搭載した。

左）Ⅲ号戦車J型の短砲身42口径５センチ砲尾と砲弾装填部（閉鎖器）を示し左端の筒状は砲手の照準スコープである。右）Ⅲ号戦車J型の砲塔内で上部にキューポラ下部とその下に戦車長用座席があり上端には５センチ砲尾のガード部分と空薬莢受バッグを取り付ける突起が見られる。

車両番号65734は1941年生産のⅢ号戦車G型でJ、L型に次いで３番目に多い600両が生産された。しかし、この車両はE／F型と同じ車長キューポラ装備であるが車体前面ドライバーの外部観察スリットが上下動式から左右軸開閉式になっているのがわかる。

1941年夏のバルバロッサ作戦時にウクライナ西部のジトミールにおける第13装甲師団の５センチ砲搭載Ⅲ号戦車G型で履帯の修理中だが簡易ジャッキの使用状況がよくわかる写真である。悪路と想定を超える長距離走行により履帯の損耗は激しかった。

ロシア戦線におけるⅢ号戦車H型で砲力不足により短砲身5センチ砲は1942年～43年にかけて長砲身60口径5センチ戦車砲に交換されて308両が生産された。左前方フェンダー先端部にグデーリアン第2装甲軍を示すGマークが見られる。

フィンランド中部のヴァソンヴァーラを行くⅢ号戦車H型で車上右端にフィンランド兵が見える。車体前面に四角フレーム機銃架（J型は球形装甲機銃架）と30ミリ厚の装甲を追加したH型の特徴が見て取れる。

特徴が見られるⅢ号J型（短砲身5センチ砲搭載前期型）。J型はH型の車体前面／後面の30ミリ＋30ミリ装甲を50ミリ1枚装甲板に強化、MG34球形装甲機銃架（クーゲルブレンデ50）、ブレーキ用空気吸入口やファイナルドライブ冷却などが新設計された。

短砲身５センチ砲搭載Ⅲ号戦車J型で42年４月からは砲塔前面にスペースド・アーマー（２枚の装甲板間に空隙のある装甲）型に移行する。短砲身型はSdkfz.141と称し、42年12月から長砲身５センチ砲を搭載して同じJ型だがSdkfz.141/１として区別された。

優勢なソビエト戦車に対抗すべく長砲身５センチ砲を搭載したⅢ号戦車J型（Sdkfz.141/１）で砲塔前面と車体前面にスペースドアーマー（空隙装甲）が見られる。５センチ短砲身のJ型は1549両で５センチ長砲身型は1067両生産で合計2616両と最大生産型となった。

1942年夏のロシア戦線における長砲身５センチ砲搭載のⅢ号戦車J型。短砲身５センチ砲弾は99発搭載だったが長砲身５センチ搭載型は砲弾が長くなり84発携行に減じたが北アフリカ戦線をはじめとして前線の評判は良かった。

空軍野戦軍の最強部隊であったヘルマン・ゲーリング師団（HG＝のちに空軍装甲師団、装甲軍となる）戦車連隊のⅢ号戦車L型で降下猟兵を跨乗させて訓練中の一齣である。L型は1942年中に653両が生産されて分類上はSdkfz./ 1である。

Ⅲ号戦車L型で砲塔前面装甲厚を57ミリに強化し主砲のバランス上トーションバーにカウンターバランスが設けられた。写真の戦車輸送トレーラーはSd.Ah.116で40年12月に登場。全長14.4メートルで22／23トン搭載だが最大で28トンまで可能だった。

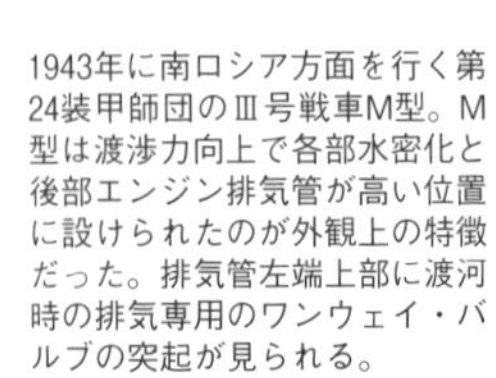

1943年に南ロシア方面を行く第24装甲師団のⅢ号戦車M型。M型は渡渉力向上で各部水密化と後部エンジン排気管が高い位置に設けられたのが外観上の特徴だった。排気管左端上部に渡河時の排気専用のワンウェイ・バルブの突起が見られる。

前方から見たⅢ号戦車の縦列で南ロシアのドン戦線である。最初の車両は３連装90ミリ発煙弾発射筒を砲塔側面前方に装備したM型で２両目はJ型で３両目もM型である。なお、M型の渡渉力は1.38メートルである。

ロシア戦線でのⅢ号戦車の劣勢にヒトラーは車体を突撃砲へ転換するよう命じた。このために支援用の短砲身7.5センチ砲搭載のN型が戦車の最終型となった。J型車体から3両、L型から447両、M型から213両の計663両が42年～43年にかけてN型となった。

1942年末、チュニジア戦線を行く第501重戦車大隊所属のⅢ号戦車N型。砲塔後部の格納箱、後部左フェンダー上に予備転輪、デッキ上に工具箱の他に北アフリカ戦初期に用いられた乗員分のヘルメットと、その左右にジェリ缶などを満載している。

後部デッキ上に大型無線アンテナを配したⅢ号Ｄ１指揮戦車で極超短波無線セットFuG 6（6キロ）＋FuG 8（10キロ）かFuG 6＋FuG 7（50キロ）など極超短波無線セット搭載である。なお、砲塔側面下部のR01は戦車連隊本部１号車を示す。

1941年のロシア戦線におけるⅢ号Ｄ１指揮戦車であるが後部デッキ上に大型フレームアンテナと長距離通信用のクルベルマストと呼ばれるFuG 8（10キロ）通信機用の長さ８メートルの棒状アンテナが認められる。

Ⅲ号E型ベースの指揮戦車で1939年から40年にかけて45両生産された。D１とE型指揮戦車は40年春のフランス電撃戦時に64両ほどが装甲師団、戦車連隊、戦車大隊本部に配備されて指揮任務に用いられた。

ロシア侵攻バルバロッサ作戦時のⅢ号H型ベースの指揮戦車で3.7センチ主砲はボルト留めのダミー砲であり車体前面が30ミリ増加装甲板で強化されているのがわかる。砲塔側面に〝○に十字〟の第13装甲師団マークも認められる。

ウクライナ戦線の５センチ砲搭載Ⅲ号指揮戦車（K型）で後部に増設星型アンテナが見られる。K型はM型車体だが主砲を残して戦闘力を維持したが車載機銃を撤去して無線装置を搭載した。砲塔周囲と車体側面に成形炸薬弾防御用のシュルツェン（防護板）が見られる。

1943年の冬季ウクライナ戦線で２両並ぶのは５センチ砲搭載Ⅲ号指揮戦車。両車は履帯の踏面に張り出し設置して履帯幅を広げ雪原走行を容易にするオストケッテが認められる。K型は42年末から43年初期にかけて50両生産されて指揮車両として運用された。

1940年春の英国侵攻〝あざらし作戦〟の上陸戦時に浅い海底を走行して奇襲攻撃に用いるために150両以上のⅢ号戦車が各部を水密化して潜水戦車（タウハパンツァー）に改造された。バルト海沿いのプトロス島での海底走行試験時だが成功している。

珍しいⅢ号戦車C型懸架装置の潜水戦車で後部に水密排気管が見られる。第18装甲師団18戦車連隊から編成されたA、B、Cの３個潜水戦車大隊（Ⅳ号D型改造42両もあった）は1940年夏には志願兵を加えて４個大隊が訓練を終了したが作戦は無期延期された。

1941年夏のロシア戦線を行くH型ベースのⅢ号潜水戦車で砲塔前面に防水カバー用のフレームが見られ、渡河時にはホースに代わって筒状の空気供給装置を使用した。18装甲師団に２個大隊、３装甲師団６戦車連隊に１個大隊が配備されて初期渡河戦で用いられた。

スターリングラード市街戦の戦訓から近接戦闘用に生まれたのがⅢ号火炎放射戦車（Sdkfz.141/３）でⅢ号戦車M型ベースだが57ミリ装甲に30ミリ装甲を溶接していた。1943年初期に100両が生産されてロシア戦線の強固な陣地戦で威力を発揮した。

５センチ砲より太目だが主砲の筒内に14ミリ口径の火炎放射器を格納して50〜60メートル範囲で火炎を放射するが相手歩兵にとっては恐怖の兵器だった。戦車後部にM型の特徴だった渡渉力強化目的で高位置に設置した排気管と片道バルブ（弁）が認められる。

前線における装甲砲兵用のⅢ号砲撃観測車で車体前面の30ミリ装甲に30ミリ板をボルト留めで追加している。また、砲塔前面中央に機銃装備で右方に寄せられた主砲は５センチ砲似のダミーであり車内には砲撃観測機器を搭載した。

左）1940年のⅢ号／Ⅳ号戦車の生産標準化の一環としてⅢ号戦車G／H型の車体を用いてFAMO社の大型複合転輪を装備する懸架装置実験戦車が１両だけ製造されて各種の走行実験が行なわれた。右）連合国空軍のベルリン爆撃後に市内保安に出動した懸架装置実験戦車。

Ⅲ号実験架橋戦車（ブリュッケンレーガー）。クルップ社製とマギラス社製があるが、いずれもクルップ社製のⅢ号戦車試作車の車台を利用した実験型だがこの車両の架橋搭載容量は18トンである。

前掲写真同様にクルップ社製Ⅲ号戦車試作型を利用したマギラス社製の架橋戦車だが上掲車両と比べて18トン架橋の形状が異なっているのがわかる。架橋は上方へ持ち上げてから前方へせり出す構造であるが後のⅣ号架橋戦車で本格的なものとなる。

1943年５月以降、戦場からオーバーホールのために戻るⅢ号戦車は幾種かの装甲支援車両に転換された。写真は1943年冬季のロシア戦線におけるⅢ号戦車J型転換のⅢ号弾薬運搬車で第505重戦車大隊の所属である。

1944年末から45年１月にかけて実施されたヒトラー最後の攻勢〝ラインの守り作戦〟時に損傷放棄されたⅢ号戦車回収車（ベルゲパンツァーⅢ）だが大戦末期の44年３月～12月にかけて150両が転換された。

Ⅲ号戦車の車台を利用したⅢ号地雷処理車（ミネンラウムパンツァーⅢ）は地雷を自重踏圧で爆破する試作車で前方に爆破器具を装備した。地雷爆発で乗員（2名）と車体の損傷を防ぐために全体が高姿勢でトーションバーも高位置に配置されている。

武装レジスタンスから鉄道と輸送列車を防衛する保安任務につく目的でⅢ号戦車N型をベースにした改造型（３両）でSK１（シーネン・ケッテン・ファールツォイグ＝鉄道連結車両）と呼ばれ戦車底部の鉄道走行用車輪で最大時速100キロで走行した。

Ⅲ号戦車と派生型

　一九三五年以降、開発のⅢ号戦車は装甲部隊を育成したH・グデーリアン大佐（のち装甲兵大将）らが提唱する機械化戦術で敵前線を突破する戦闘戦車（もう一種は支援用の短砲身七・五センチ砲搭載Ⅳ号戦車）だった。当初、主砲（同軸に機関銃）に五センチ砲搭載が議論されるも、ドイツ最初の徹甲榴弾使用の四六・五口径三・七センチ砲が採用されたが、砲塔環の直径を大きくして、将来、大口径砲を搭載可能にしたのは重要なポイントである。また、ドイツ国内橋梁の重量制限で戦闘重量を二四トンに抑え最高速度は四〇キロだった。乗員は五名で砲塔上部の専用キューポラ内で全周視察ができる車長、その下方に砲手と装填手、前方左がドライバー、並列右方は無線手で銃手兼用である。早くも無線用の喉頭マイクロフォンを用いて戦場での指揮、戦車間連携の他に車内通話装置で乗員同士の通話連絡を行なった。

　三五年に陸軍兵器局はマン、ダイムラー・ベンツ、ラインメタル・ボルジク、クルップの各社とⅢ号戦車開発契約を結び、秘匿名称をZW（ツークフューラーワーゲン＝小隊長車）と称し、ダイムラー・ベンツが開発と生産主導社となった。自動車技術の影響で懸架装置はダイムラー・ベンツの伝統的なトーションバー方式がZW試作四号車から採用された。クルップ車両は「MKA」車と呼び機関車の製造経験から転輪と縦型リーフスプリング懸架式だった。後にこの設計の一部はZW（Ⅲ号戦車）とBW（秘匿名、護衛車、すなわちⅣ号戦車）に導入されるが各社はまだ大量生産の計画も経験もなかった。また、大手自動車会社フォードとオペルは外国資本のために開発計画から外された。

Ⅲ号戦車A型

　一九三六年に多分に実験的なⅢ号戦車A型一〇両がダイムラー・ベンツ社で製造され、第1シリーズ小隊長車（1 Serie ZW＝以後、このZWシリーズ番号はⅢ号戦車J型となる第8グループ小隊長車まで用いられた）と称されて部隊運用試験が行なわれた。八両は三・七センチ砲を装備し懸架装置は五個の大型転輪と前部駆動の後部誘導輪方式で上方に二個のリターン・ローラー（履帯送り）を配した。装甲は五～一四・五ミリ、重量は一五トン、高性能二五〇馬力のマイバッハHL108TRガソリン・エンジン搭載で最高時速は三二キロ、変速機は五速のZFSFG75である。主砲弾は一五〇発と三挺の機関銃（二挺は砲塔と同軸装備）用に四五〇〇発の銃弾を搭載した。

Ⅲ号戦車B型、C型、D型

　一九三七年～三八年に筒型車長キューポラを有するⅢ号戦車B、C、D型に発展して新型懸架装置が導入された。八個の小型転輪と縦型リーフスプリング、三個のリターン・ローラーおよび三・七センチ戦車砲とMG34機関銃二挺が装備され、うち一挺はドライバー右横で無線手が操作した。B、C型は各一五両でD型は三〇両である。三種の砲塔装甲は全周一四・五ミリでB型一五・九トン、C型は一六トンとなった。このB、C、D型三種の小型八個の走行転輪は同じだが実験的にリーフスプリングの数と配置が異なっていた。

Ⅲ号戦車E型

一九三八年末のE型は成功作で走行転輪は中型六個に変わりトーションバー式懸架装置との組み合わせで重量は一九・五トンだった。強力な三〇〇馬力マイバッハ一二気筒HL120TRエンジンを装備した。ボア径も一〇〇ミリから一〇五ミリに広げ、変速機はマイバッハ・ヴァリオレックス・プレセレクター（半自動）方式でギア選択はメッシュ・タイプ、滑動ギアはスイッチ・スリーブ管で二種の歯車を作動させる複雑機構である。前進一〇速、後進一速だが変速操作は容易でクラッチは油圧支援の機械式サーボ作動でペダル踏力も小さかった。九速と一〇速目はいわゆるオーバー・ドライブで二八〇〇回転にて時速四〇キロを出した。機銃はこの型から一挺となり少数だが旧D型砲塔車では二挺装備も見られた。三八年一二月から三九年一〇月までにダイムラー・ベンツ、ヘンシェル、マン社で九六両が生産された。戦車連隊の主力装備として三九年九月一日のポーランド戦に一四八両が投入されて威力を発揮し、次の四〇年五月一〇日のフランス電撃戦時には三四九両が運用された。

（ちなみにⅢ号戦車の大量生産にはシュパンダウのアルケット、ファルケンゼー〈車台の組立〉とベルリン・マリエンフェルトのダイムラー・ベンツ、ブレスラウのファモ、ミッテンフェルト・カッセルのヘンシェル第三工場とニュールンベルグのマン、ブルンズヴィック・アメのMIAG、カッセルのヴァーゴンファブリク・ウェグマンおよびハノーバー・リンデンのマシーネンファブリク・ニーダーザクセンの各社が加わったが、この時点のドイツ戦車産業はまだ限定的な生産体制だった）。

Ⅲ号戦車F型

F型は一九三九年四月～四〇年七月に四五〇両が生産された。三〇〇馬力のマイバッハHL120TRMエンジンはノルドバウ北ドイツ自動車会社で生産された。外観上改良された低い車長キューポラが特徴で雑具格納箱が砲塔後部に装備され、誘導輪、起動輪にスポークタイプ改良が施された。

Ⅲ号戦車G型

G型は一九四〇年四月から四一年二月までに六〇〇両が各社で生産されてドイツ装甲師団の主力戦車となった。なお、北アフリカ戦線に送られたⅢ号戦車は熱帯用にラジエター防塵エアフィルターが取り付けられ、後に一部装甲されたエンジン室外フィルターにフェルトが設置された。こうした処置にもかかわらず砂漠の砂塵によるピストン摩耗が激しく平均的に二〇〇～三〇〇キロ走行が限度だった。この特殊車両表示にトローペン（熱帯）を示すTpが付された。威力を増した四二口径五センチ砲が初めて装備され車長キューポラを改良して四〇年四月～四一年二月に四五〇両が生産された。Ⅲ号戦車が多く運用されたのは四一年五月のギリシャ侵攻バルカン戦からで文字どおり中核戦車となり保有数は二一四三両まで増加した。

一九四一年七月七日付国防軍最高司令部総長カイテル元帥の陸軍参謀本部への指令で「ヒトラー総統は対英戦車戦に備え、以降、生産される戦車は原則的に砲力を強化して戦闘力を増すべし」と命じた。この指令によりE型以降は三〇ミリの増加装甲としたが重量増加により速力低下を招いた。

Ⅲ号戦車H型

H型は懸架装置のサスペンションを強化

し履帯幅を三六センチから四〇センチに広げて不整地走行性能を向上させた。この型の重量は二一・六トンに増加し、複雑なマイバッハ・ヴァイオレックス変速機は通常の六速変速機に交換され、クラッチは乾式多板ディスク型で四〇年一〇月から三〇八両が生産された。なお、短砲身四二口径五センチ砲搭載のⅢ号戦車Ｆ、Ｇ、Ｈ型の生産数は一九二四両である。

Ⅲ号戦車Ｊ型（前・後期タイプ）

Ｊ型の前期型は短砲身五センチ砲搭載で前面装甲を五〇ミリに強化し、新型の前方球形装甲機銃架とした改良型で一五四九両が四一年から四二年にかけて生産された。しかし、初期ロシア戦線でドイツ軍を驚かせた七六・二ミリ砲搭載の強力なＴ34戦車が戦場で増加すると五センチ砲では力不足となった。四一年一一月二九日の時点で戦場の装甲師団からのⅢ号戦車の供給要請は七九九二両に及んだという。ヒトラーはⅢ号戦車では力不足と指摘したが四〇～四一年時にはドイツ最良の戦車だった。一九四一年七月二一日付兵器局の覚書によれば、Ⅲ号戦車はダイムラー・ベンツ、クルップ、ビューシング、ファモ、ヘンシェル、ハノマグ、アウト・ウニオンおよびＮＳＵの各社で生産すると決定している。ヒトラーが要求する高威力の六〇口径長砲身五センチ戦車砲は徹甲弾（ＡＰ）と徹甲榴弾を初速毎秒一一八〇メートルで発射するが、本砲搭載型もⅢ号Ｊ型戦車（後期型）と呼ばれ、四一年一二月～四二年七月に一〇六七両が生産された。また、Ｆ型、Ｇ型の短砲身五センチ砲は携行弾数が九九発だったが、長砲身五センチ砲搭載のＪ型は七八発で戦闘力が増した。Ｊ型は細部で技術的な違いが見られた。例えば、ペダル・ブレーキからレバー操作方式になった。長砲身Ｊ型の重量は二一・五トンで前長は五・五六メートルに増大した。四一年七月一日時点の三・七センチ砲装備Ⅲ号戦車は三二七両で五センチ砲型（短・長砲身混合）は一一七四両だった。四二年四月一日段階でも三・七センチ砲型は一三一両あり五センチ砲型は一八九三両あった。

Ⅲ号戦車Ｌ型

Ｌ型は攻撃力、防御力を大きく改善したもので、一九四二年六月から四二年一二月までに六七〇両が生産された。前面装甲を三〇ミリから五七ミリに増加して中空装甲板を砲の防盾部に取り付け、車体前面の装甲板には二〇ミリ装甲板を追加ボルト止めして七〇ミリに強化した。重量は二二・三トンで機銃弾薬格納量は二七〇〇発から四九五〇発になった。この間に砲身先端に向けて細く絞られる口径漸減砲０７２５がテストされ有望だったが資材不足で開発は中止された。

Ⅲ号戦車Ｍ型

この型から秘匿ＺＷ（小隊長車）名はなくなった。一九四二年開発で重量は二三トンに増え、当時の価格で一両あたり九六一八三ライヒスマルク（パンター戦車の八〇パーセント）だった。このＭ型は小河川の渡渉力を高めるために後部排気管を高い位置に設置して車体の気密性を高めた。四二年一〇月～四三年初頭にかけて二五〇両がウェグマン社などで生産された。なお、長砲身五センチ砲搭載車のＪ型（後期）、Ｌ型、Ｍ型の合計は一九六九両で四一年に四〇両、四二年に一九〇七両、四三年に二二両である。

一九四三年三月一九日に対戦車銃や成型炸薬弾への防御性を意図して戦車の側面に吊す着脱自在のシュルツェン（装甲防護板）試験がリューゲンヴァルド実験場で行なわれ、四三年以降に装備したがあまり実用的ではなかった。また、四四年時のロシア戦線のⅢ号戦車はオストケッテン（東部履帯と称し他の型の戦車でも使用された）を用いた。これは、履帯の外側へ張り出す簡単な爪状装置だが三二・六センチ幅になり平地はもとより雪上や軟弱地で走行性能を向上させた。また、吸着戦車爆雷を避ける目的でツィンマーリットと呼ばれる耐磁ペースト塗料が車両全般に〝ヘラ〟などで塗布され温風乾燥させたが時間がかかり四四年に中止された。また、増大する空の脅威に対抗すべく四三年に車長キューポラ上の対空機銃架41から42に改善されてＭＧ34かＭＧ42機銃が装備された。その他、四三年から本国に修理やオーバーホールで戻る車両の砲塔に発煙筒が設置されたりした。

Ⅲ号戦車Ｎ型

Ⅲ号戦車最後型だがＭ型に初期Ⅳ号戦車装備の短砲身七・五センチ砲を搭載した近接支援戦車である。四二年六月〜四三年八月に六六三両が生産されたが、七・五センチ砲弾を六四発とＭＧ34機銃弾三七五〇発を携行し、重量は若干増加して二三トンとなり有効性の高い車両だった。

Ⅲ号指揮戦車

パンツァー・ベフェルスワーゲンと称し戦車連隊や戦車大隊の戦術指揮車で送受信無線装置が充実していた。①一九三八年のⅢ号Ｄ型ベースのＤ１指揮戦車は車体後部に大きなフレーム型アンテナを設置して無線機ＦｕＧ６＋ＦｕＧ８搭載と、ＦｕＧ６＋ＦｕＧ７無線機搭載型があり両種の生産数は三〇両だった。②Ⅲ号Ｅ型指揮戦車も車体後部に大型無線アンテナ装備で三九年夏から四五両が製造された。ＦｕＧ６＋ＦｕＧ２、ＦｕＧ６＋ＦｕＧ８、ＦｕＧ＋ＦｕＧ７の各無線機搭載である。③Ⅲ号Ｈ型指揮戦車も大型フレーム・アンテナ装備で四一年〜四二年に一七五両が製造され、ＦｕＧ６＋ＦｕＧ２、ＦｕＧ６＋ＦｕＧ８、ＦｕＧ６＋ＦｕＧ７各無線機搭載型があった。④指揮戦車専用として開発された短砲身五センチ砲搭載Ⅲ号指揮戦車は四二年八月から八一両、四三年に一〇〇両がダイムラー・ベンツ社で製造された。これ以前の各指揮戦車の主砲はダミーだが本型は攻撃力維持のために実用砲を搭載した。無線機はＦｕＧ５＋ＦｕＧ７かＦｕＧ５＋ＦｕＧ８各無線機である。

もう一種は攻撃力の高い長砲身五センチ砲を搭載したⅢ号Ｋ型指揮戦車で四二年末から四三年二月までに五〇両がダイムラー・ベンツで製造された。ＦｕＧ５＋ＦｕＧ８、ＦｕＧ５＋ＦｕＧ７各無線搭載で通常の棒状アンテナ以外に星型アンテナを装備した（ちなみに無線機のＦｕＧ２は距離四キロの車両間受信機、ＦｕＧ５は標準型で四キロの一〇ワット送受信機、ＦｕＧ６は八キロの二〇ワット送受信機、ＦｕＧ７は五〇キロの二〇ワット送受信機、ＦｕＧ８は四〇キロの三〇ワット送受信機である）。

Ⅲ号装甲砲兵観測車

本車は装甲砲兵用の観測車両で砲塔前面中央部にＭＧ34機銃とその右隣にダミー砲を搭載した。一九四三年から四四年にかけてⅢ号戦車Ｅ型、Ｈ型などから約二六〇両が転換された。

Ⅲ号潜水戦車

ユニークなⅢ号潜水戦車（タウハパンツァーⅢ）装備のA戦車大隊が一九四〇年九～一〇月に第二装甲師団からの抽出要員で編成された。これは、英国上陸あざらし作戦（オペラチオン・ゼーレベ）実行予定時の潜水戦車部隊でバルト海のプトロス島で訓練が行なわれた。同時期にBとC戦車大隊は第一八戦車連隊から編成されたがⅢ号とⅣ号潜水戦車が混用された。戦車の外部観察口などの開放部はタール混合の合成シーリング材で密閉され、砲塔開口部とエンジン部も完全密閉された。また、ゴムで砲塔前方の主砲防盾と車長用キューポラおよび前方機関銃部を覆うが、地上戦闘時には砲口蓋を点火薬で吹き飛ばして砲撃する。砲塔環もゴム・シーリングで内部に圧力をかけて水の浸入を防止し、空気は直径二〇センチで長さ一八メートルのゴム管を戦車内へ引き込み供給した。ゴム管は海上に浮かぶアンテナ設置ブイに接続し、車内エンジン排気は管に仕込まれた逆流防止の片道弁で行なった。また、浅い海底部でも走行時に起こる漏水の排水はビルジ・ポンプを用い、最大潜水深度は一五メートルだが安全上一八メートルの送気管を用いた。潜水戦車は海上の〝はしけ〟の先端の走行板を伝い海中に潜り、進行方向は指揮船からの無線指示に従い、海底ではジャイロ・コンパスを用いた。乗員は脱出機器も携行したが戦車は浮力のために軽くなり操縦性は良好だった。結局、あざらし作戦は中止されて潜水戦車は四一年六月の対ロシア侵攻戦時に戦車隊の先頭に立ちロシア＝ポーランド国境のブーク川を渡河することになる。

Ⅲ号火炎放射戦車

一九四三年二～四月にMIAG社とウェグマン社（主砲）がⅢ号M型戦車一〇〇両を火炎放射戦車へ転換した。DKW二気筒エンジンが燃料放射ポンプシステム駆動に使用され、火炎放射燃料一〇〇〇リットルを搭載し二～三秒間隔で七〇から八〇放射が可能だった。鋼鉄製の火炎発射筒ノズルの口径は一四ミリで五センチ・ダミー砲（同軸MG機銃）の中に装備されて放射距離は五五～五六メートルで重量は二三トン、無線セットFuG2とFuG5を搭載して四三年夏のロシア戦線クルスク会戦から登場した。

Ⅲ号戦車回収車（ベルゲパンツァーⅢ）

ベルゲパンツァーⅢと称して大戦末期の四四年初期に計画され同年三月からオーバーホールで戻るⅢ号戦車を逐次改造して一五〇両が戦車回収車に転換された。

Ⅲ号戦車戦闘実験サスペンション車

これは一九四〇年にⅢ号戦車H型の車体を利用して大型の複合六個転輪を有する懸架装置の試作車両で一両が製造されて実験後に訓練車両として用いられた。

試作Ⅲ号地雷処理戦車

ミネンラウムパンツァーⅢと呼ばれ一両だけ試作されたがⅢ号戦車の車台を利用し、爆発の危険性を避けるために車高を高くして地雷処理器具を装備した。

Ⅲ号N型SK1鉄道保安車両

L型を改造して短砲身七・五センチ砲を搭載し腹部に鉄道走行車輪を取り付け、鉄道破壊を行なう抵抗運動（パルチザン）に対抗する保安車両で二～三両が試作され四三年一〇月に供覧されている。

Ⅲ号弾薬運搬車、Ⅲ号工作車

Ⅲ号弾薬運搬車(ムニツィオーンⅢ)は一九四三年五月以降、戦場から戻るⅢ号戦車の砲塔を撤去して装甲弾薬運搬車に改造された車両である。また、このころ一部の車両の砲塔を撤去してⅢ号工作車(ピオニールパンツァーワーゲンⅢ)に改修された。

二次大戦前半に大きな役割を果たしたⅢ号戦車の総生産数は約五七〇〇両であるが、一九四三年八月から車台の大多数は比較的生産が容易なⅢ号突撃砲に転換された。

1942年夏の南ロシア戦線におけ第５ＳＳ装甲擲弾兵師団（のち装甲師団）ヴィーキング所属のⅢ号Ｈ型戦車（短砲身５センチ砲と前面30ミリ＋30ミリ装甲板）で状況を観察する乗員たち。右フェンダー上に鈎十字を円形にデザインした師団マークが見られる。

1943年３月のドイツ軍反撃の３次ハリコフ戦時のＧＤ（グロース・ドイッチュラント＝大ドイツ）師団ＧＤ戦車連隊長ヒァツィント・グラフ（伯爵）・シュトラハビッツ大佐（中央）と幕僚で背景に長砲身５センチ砲搭載のⅢ号Ｊ型戦車の後期型が見える。

1943年夏の東部戦線クルスク戦時の10.5センチ突撃榴弾砲搭載のⅣ号突撃砲42（1212両生産）であるが、本車は通常のⅢ号突撃砲をより強力な火砲で支援任務につきクルスク戦時には68両がこの目的で投入されている。

Ⅲ号突撃砲(Sturmgeschutz Ⅲ)

1944年、フランスにおける対戦車戦闘用の長砲身7.5センチ砲搭載のⅢ号突撃砲G型（後期）である。突撃砲は1935年にE・v・マンシュタイン大佐（のち元帥）が提唱した歩兵支援兵器であり、A、B、C、D、E型までは短砲身7.5センチ砲を搭載していた。

1940年の西方戦域フランス戦線を行くⅢ号突撃砲A型であるが1940年前半に30両が生産され基本車体はⅢ号F型が用いられた。主砲の7.5センチ突撃砲は窮屈な内部構造上の理由で右側に寄せて装備されている。

左）Ⅲ号突撃砲A型の左側面を示すがⅢ号戦車G型車台を用いている。Ⅲ号突撃砲の初配備は40年２月～５月に突撃砲兵大隊640、659、660、665であり同年５月～６月の西方電撃戦で使用された。右）1937年のⅢ号戦車B型車台のⅢ号突撃砲プロトタイプの１両で続いてA型生産が行なわれた。主砲は短砲身24口径7.5センチ突撃砲を搭載した。

駆動系統が改良されたⅢ号戦車H型車台を用いたⅢ号突撃砲B型で1940年～41年にかけて320両が生産されてフランス戦後の1940年末に戦力は７個突撃砲大隊以上となっていた。

車体右前面に〝どくろ〟マーキングと主砲下に〝1／192〟の文字が見られる第192突撃砲大隊1中隊のⅢ号突撃砲B型で1941年夏のロシア戦線である。突撃砲脇の支援歩兵は2脚架付きのMG34機銃を手にしている。

ロシア戦線におけるⅢ号突撃砲C型。Ⅲ号突撃砲の有効性は証明されたが幾つかの問題点を改修したのがC型である。たとえば、車体の再設計、装甲強化、車両前面照準口と破片対策、ペリスコープ式照準具の装備などである。

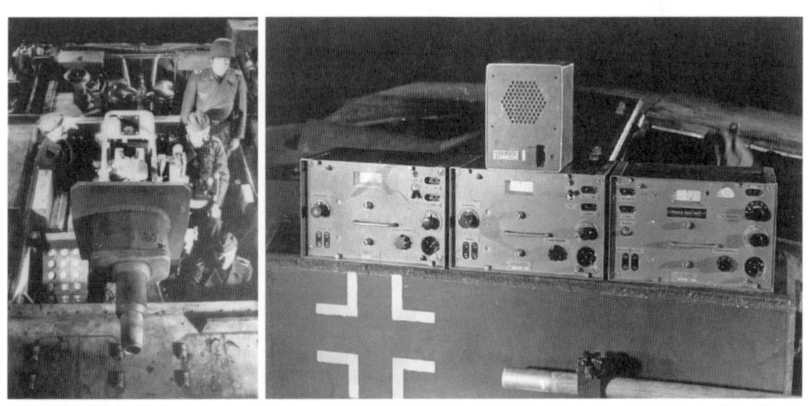

左）マニュアル用に撮影されたⅢ号突撃砲E型の24口径7.5センチ突撃砲（StuK 37）の砲尾部分と狭い戦闘室内の乗員配置を示す。向かって右手前から上へドライバー、砲手、車長、砲尾の左は装填／無線手だが砲左側に弾薬格納部が見える。右）マニュアル作成用に展示されたⅢ号突撃砲E型搭載のFuG 5 極超短波10ワット無線機（Ⅲ号、Ⅳ号戦車の無線セット）で、のちに突撃砲専用のFuG15かFuG16が搭載される。

1941年６月に発起されたロシア侵攻バルバロッサ作戦で北方戦線を進むドイツ軍の隊列で右前方はⅢ号突撃砲C／D型（C／D型はほぼ一緒）で、その後方に続行するのはSdkfz.253装甲砲撃観測車であろう。

Ⅲ号突撃砲C／D型であるが後部の突撃砲大隊マークとAは小隊１号車と思われる。D型はC型と同じだが正面装甲の表面硬化処理による対弾性の改善がなされた。C型は50両でD型は150両生産された。突撃砲は乗員４名で左に車長右に装填手の姿が見える。

冬季訓練中のⅢ号突撃砲E型で戦闘室両側に装甲板が設けられ陸軍補給処で無線機が搭載された。指揮運用面で小型の装甲兵員車と似たSdkfz.253装甲砲兵観測車が脆弱であり、突撃砲に強力な無線機器を搭載して指揮機能を持たせたのがⅢ号突撃砲E型である。

1941年９月にヒトラー命令で対戦車戦闘用に長砲身7.5センチ砲を搭載したⅢ号突撃砲F型（Sdkfz.142/１）が43年３月から359両生産された。ラインメタル社製46口径7.5センチ突撃砲40（StuK40）とクルップ社製の短薬室が用いられた。

イタリア戦線のⅢ号突撃砲F型。F型はロシア戦線のT34戦車とKV１重戦車対抗を目的としたが同じF型でも359両中182両は増加装甲を示す〝ツーザッツ（増加）パンツェルング（鎧）〟と呼ばれ他の38両は強力な48口径7.5センチ砲を搭載した。

両軍に分かれて作戦訓練中のⅢ号突撃砲F８。この型は48口径7.5センチ砲搭載で前面照準口の改正、装甲車体の延長、側面牽引ブラケット改良、エンジン冷却ルーバー拡大などが行なわれて1942年９月以降に334両が生産されてF８型となった。

突撃砲の最多生産型のG型（前期）で1942年～45年までに7720両とⅢ号戦車から173両が転換された。G型は基本的にF８型と同じだが戦闘室上面の車長キューポラが大型になり生産中に多くの改修改良が行なわれた。1943年、ロシア戦線のⅢ号突撃砲G型。

1943年冬季、ロシア戦線における砲防盾部が角形のⅢ号突撃戦車G型（前期）であるが戦闘室がやや大きくなった。アルケット社が主生産企業だったがMAN社が加わりⅢ号戦車の生産終了でMIG社も突撃砲生産を行なった。

ザウコプフ（豚鼻）型の砲防盾と最終型マズルブレーキ付き48口径7.5センチ突撃砲40搭載のⅢ号突撃砲G型（後期）で車上にMG34機銃用装甲防護板と大型円形キューポラ内には車長が見られ、車体左右にシュルツェン（装甲防護板）用の取り付け支持架も認められる。

ベルリンのアルケット社はラインメタル・ボルジク社と資本関係があり1945年４月25日まで突撃砲の生産を続行した。生産中のⅢ号突撃砲G型（後期型）の完成車両群であるが各車両の後部デッキ上に搭載すべき予備転輪が置かれている。

1943年末、ウクライナのニーコポリ戦線のⅢ号突撃戦車G型と前方偵察中の車長だが1943年以降の防御戦で対戦車戦闘車として必須車両であった。

Ⅲ号突撃砲G型の戦闘室内で左側上の大型キューポラ下で〝かに眼鏡（砲隊鏡）〟を覗くのは車長で、Sfl ZF 1 照準器を前にパイプを手にするのは砲手である。手前の金具は7.5センチ砲の砲尾部のガード部でその手前がドライバー席である。右）Ⅲ号突撃砲G型の大型になったキューポラ下で外を双眼鏡で観察する車長。

Ⅲ号戦車F型ベース（プロトタイプ）の10.5センチ砲搭載突撃榴弾砲42（StuH42）は突撃砲本来の歩兵火力支援に戻った兵器で強固な陣地や要塞攻撃に有効だった。1942年から45年までにアルケット社で1200両が生産された。

1944年夏、フィンランドでのⅢ号突撃砲G型（前期）ベースの突撃榴弾砲42（StuH42）で砲身に数本のキルマークが見える。なお、突撃砲は平射弾道であり榴弾砲は低速曲射弾道にて堅固な陣地攻撃に威力を発揮した。

1944年にフィンランドで撮影されたⅢ号突撃榴弾砲42（StuH42）だが鋳造製のザウコプフ（豚鼻）主砲防盾を有するⅢ号G型（後期型）車体である。本車は9両がレニグラード戦線で185突撃砲大隊3砲兵中隊が用いたのが最初だった。

箱型戦闘室構造がよくわかる突撃歩兵砲33Bで後部デッキ上の高い位置に設置された雑具箱と予備転輪が見られる。この車両は技術的経験と報告された戦訓により後のⅣ号駆逐戦車へと発展することになる。

1941年～42年にⅢ号突撃砲EかF型車体を用いて24両ほどアルケット社で製造された突撃歩兵砲33B（SIG33）である。1942年10月に12両が177と244突撃砲大隊に配備されてロシアのスターリングラード戦にも投入された。

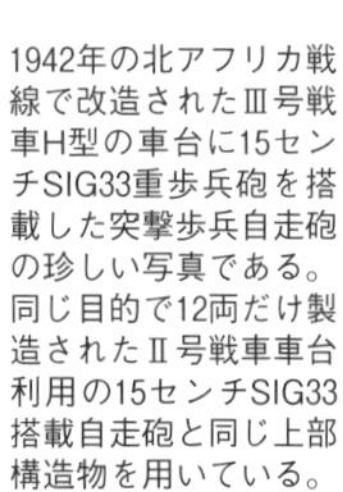

1942年の北アフリカ戦線で改造されたⅢ号戦車H型の車台に15センチSIG33重歩兵砲を搭載した突撃歩兵自走砲の珍しい写真である。同じ目的で12両だけ製造されたⅡ号戦車車台利用の15センチSIG33搭載自走砲と同じ上部構造物を用いている。

大戦後期の1943年12月に戦場から戻るⅢ号突撃砲10両をヒトラー命令でⅢ号突撃火炎放射戦車（StuG Ⅲ（Fl））に転換して第１戦車訓練学校で用いたが装甲戦闘車両不足により1944年１月に再び元の突撃砲に再転換された。

1942年/43年のスターリングラード攻防戦でソビエト軍は多数捕獲したⅢ号戦車を改造して181両を7.62センチ対戦車砲（S-1）搭載自走砲に、20両は指揮戦車として実戦に投入したがソ軍でSu76（i）（iは外国製の意）と称された珍車両である。

Ⅲ号突撃砲

突撃砲は一九三五年に砲兵将校のv・マンシュタイン大佐（のち元帥）と参謀総長L・ベック大将の歩兵の攻撃力強化議論が始まりである。その後、三六年六月一五日に砲兵装備の歩兵支援あるいは対戦車兵器として兵器局が開発を開始し、三七年からⅢ号戦車B型車台を用いた試作車五両（0シリーズ）がアルケット社で製造された。開発当初、車台はダイムラー・ベンツ社、砲装備はクルップ社が担当し、短砲身二四口径七・五センチ突撃砲を搭載し、姿勢を低くするために箱型戦闘室を搭載した。重量二〇トン、装甲は前面最大五〇ミリで四〇年五月の対フランス戦でⅢ号戦車F型車台を用いた突撃砲五両が初めて用いられた。名称はⅢ号七・五センチ砲搭載自走砲架突撃砲となったが、のちに重装甲と長砲身七・五センチ砲を搭載して歩兵の近接支援と対戦車戦闘任務についた。

Ⅲ号突撃砲A型

Ⅲ号戦車F型の前・後部装甲を強化した試作車の成功で四〇年一月から三〇両が生産された。マイバッハHL120TRエンジンを装備し、前進一〇速後進一速のプレセレクター・ギアボックス（英ウィルソン特許で走行中に次のギアをセレクトして切り替えレバーを踏むとギアが切り替わる半自動プレセレクター）を装備した。アルケット社が独占的生産を行なったが生産量を向上させるために四三年初期からMIAG社やダイムラー・ベンツ社が生産に加わった。また、ブランデンブルグのブランデンブルギッシュ、ハーゲン・ハーコルトのアイヒエン、ハノーバーのドイッチュ・エーデルシュタールヴェルケ、およびシレジアのビスマルクヒュッテの各社が装甲板の供給を行なった。

短砲身七・五センチ砲はⅢ号突撃砲A、B、C、D、Eの各型に装備されて四二年四月までに六七二両が戦線へ送り出された。

Ⅲ号突撃砲B型

シンクロ変速機など駆動装置系統を改善して四〇年六月から四一年五月まで三二〇両が生産され四一年六月からロシア戦線に登場した。

Ⅲ号突撃砲C型、Ⅲ号突撃砲D型、Ⅲ号突撃砲E型

新型戦闘室に改善されたC型五〇両、D型一五〇両が四一年春から秋に生産された。E型は防御力向上目的で車体両側面に九ミリ厚の装甲板を装備した。当初五〇〇両生産予定だったが長砲身七・五センチ砲搭載車の生産が始まり、減じられて四一年九月から四二年三月までに二七二両が生産された。

Ⅲ号突撃砲F型

ヒトラーは歩兵の要望もあり重量増加が機動性を削ぐことを理解せずに四一年九月九日に砲力強化を命じた結果、初速の速い長砲身砲を搭載することになり、ダイムラー・ベンツ社が再び車台を担当し、主砲の開発をラインメタル・ボルジク社が受け持った。陸軍は四一年九月二八日に突撃砲に砲口制退器付長砲身七・五センチ突撃砲（StuK40）搭載を命じてF型となり四二年春から九月までに三五九両が生産されて対戦車戦闘車に変身した。重量二一・五トン、四四発の主砲弾を携行し、ますます

脅威を増すソビエトのT34戦車とKV1重戦車に対抗できるようになった。

Ⅲ号突撃砲F／8型

F／8は四二年九月から一〇月までに三三四両が生産された。この型は車体の前方装甲に三〇ミリ増加装甲板をボルト留めし、後部エンジンの排気ルーバーを八〇ミリに強化するなどの細部改良型だが、武装はより貫徹力の高い四八口径七・五センチ突撃砲（F型は四三口径）を搭載した。

Ⅲ号突撃砲G型

一九四二年一二月から四五年三月までアルケットとMIAGで七七二〇両が生産されたほかに一七三両がⅢ号戦車から転換され、基本的には既述のF／8型と同じだが主砲基部防盾部が角形の前期車両と、鋳鋼製で耐弾性の高い豚鼻型防盾（ザウコプ）を備えた後期型があり、車両価格は八二五〇〇ライヒスマルクだった。重量は二三・九トンになり成形炸薬弾防止の側面装甲板（シュルツェン）を車体側面に備えて近接戦闘用の機銃を装備した。また、一九四三年末から四四年初頭まで傾斜角の考慮と前面インターロック装甲（噛合式）により装甲厚を増さない方法で耐弾性を強化した。戦車より容易に製造できる長砲身七・五センチ砲搭載車の生産数は四二年に六九九両、四三年に三〇一一両、四四年に四〇一三両そしてドイツ敗戦時の四五年に八六四両の八五八七両だった。なお、短砲身型七・五センチ砲搭載突撃砲は一九四二年までに八八二両が生産されている。

一〇・五センチ突撃榴弾砲42

長砲身七・五センチ砲搭載突撃砲の支援車両で砲口制退器付二八口径一〇・五センチ榴弾砲を搭載し、三六発の砲弾を携行した。この車両はFとF／8型車体が用いられて四二年一〇月から四五年二月までに一二〇〇両が生産され四三年七月のロシア戦線クルスク会戦から投入された。

重歩兵砲搭載突撃砲33B

一九四一年三月三一日に一五センチ重歩兵砲33をⅢ号戦車車台上の箱型戦闘室に搭載したアルケット製試作車両がヒトラーに供覧され、一二両の試作契約が同社と交わされてシュトゥルムインファンテリーゲシュッツ33Bと称された。突撃砲E型とF／8型ベースの二四両が一九四一年末に製造され、装甲は前面八〇ミリ、側面五〇ミリ、後部一五ミリでロシア戦線のスターリングラード戦線へ送られた。

Ⅲ号突撃火炎放射戦車、Ⅲ号突撃砲G型改修弾薬運搬車

Ⅲ号突撃火炎放射戦車は一〇両が四三年五月にⅢ号戦車から転換された。また、一九四四年に主砲を撤去して前面を半円状の装甲板で閉鎖したⅢ号突撃砲G型改修弾薬運搬車も少数あった。

Su76i

一方、ソビエト軍が戦場で捕獲した二〇〇両ほどのⅢ号戦車の車体上にT34戦車の七・六二センチ砲を搭載してSu76iと称した。この二〇〇両ほどの変則的な改造突撃砲は実戦に投入され戦争前半のソビエト軍の戦闘車両不足を補った。二次大戦後半の防御戦の対戦車戦闘でよく活動したドイツ独特の突撃砲だったが二次大戦後にこの種の兵器体系は発展しなかった。

Ⅳ号戦車と派生型
(Panzerkampfwagen Ⅳ & variants)

二次大戦末期1944年夏のフランス戦線におけるⅣ号戦車H型だが車体前面80ミリと砲塔50ミリ装甲は充分ではなく、補うために前面に予備履帯を鎧のように張り付け、加えて車側と砲塔側面に装甲防護板シュルツェンを取り付けている。

1935年以降に行なわれたⅣ号戦車の競作（BW車＝秘匿名は護衛車）はマン、ダイムラー・ベンツ、クルップ、ラインメタルの各社で行なわれた。写真の試作車両はラインメタル社開発のVK2001（Rh）であるが結果はクルップ社の試作車が採用された。

当初、装甲部隊の主力Ⅲ号戦車の支援用として計画されたのが短砲身7.5センチ砲搭載Ⅳ号戦車である。写真の車両はクルップ社開発の試作型（Vs Kfz. 622）でリベット留めの砲塔が見られ段差のついた車体前面レイアウトは以降に続くA、D、E各型で見られる。

1937年10月からⅣ号戦車A型の生産が開始され38年３月までに35両が完成した。クルップ・グルソン工場でのA型だがすっきりした溶接タイプ砲塔と改正された車長キューポラが見られる。

1938年10月初旬に行なわれたズデーテンラント進駐（チェコのドイツ人居住区の併合）の第２装甲師団のⅣ号戦車A型である。当初、計画よりⅣ号戦車の量産が遅れてこの時期までにB型を含めて77両が生産されただけだった。

1944年に連合軍の侵攻に備えてフランスの村落で訓練中のⅣ号戦車B型（B/C型は車体前面が段差のない直線形状）である。B型は250馬力マイバッハHL108TRエンジンから300馬力のHL120TRとなり前面装甲が15ミリから30ミリに強化された。

1941年冬季、ロシア戦線におけるⅣ号戦車B型（414号車）だが生産数も42両と少なく初期には戦車連隊の軽戦車中隊に数両が火力支援用に配備されていたが1943年までに次第に消耗した。

1939年撮影のⅣ号戦車C型でB型とC型は酷似しているがエンジン架と砲塔環強化、キャブレター改修、砲防盾部の再設計など改良されていた。生産数は1938年から39年夏までに134両だが1943年まで用いられていた。

1940年５月～６月のフランス戦勝利でドイツ軍パレード中のⅣ号戦車B／C型で7.5センチ主砲下に逆Y字型の無線アンテナ避けと初期戦車兵用クッション付きベレー帽を着用した乗員５名が車上に見られる。

1941年夏のロシア侵攻戦に備えて東欧の町を行くⅣ号戦車D型（229両生産）でC型踏襲の改良型だが、とくに、車体側面と後部の15ミリ装甲が20ミリに強化されていた。Ⅲ号戦車と同様にⅣ号戦車も弱装甲であり発展型も装甲強化を繰り返すことになる。

1940年のフランス電撃戦時に文房具店前に停車するⅣ号戦車D型（414号車）。フランス戦は10個装甲師団の3105両の戦車を投入するがまだⅣ号戦車は９パーセントの280両に過ぎなかった。

Ⅳ号戦車E型は陸軍要求の装甲強化策によりD型の車体30ミリを50ミリにし、上部前面30ミリに追加30ミリ装甲板をボルト留めした。ほかに砲塔上部も改善されⅢ号戦車G型の５個観察口の車長キューポラとなり、その前方に排煙装置も設置された。

Ⅳ号戦車E型は多くの改良が施された。単純化された新型起動輪のほかに機構的に旧型のPZW600補助発電機はより強力な２気筒ZW500に変更された。砲塔側面の左右ハッチと前方ドライバー（左席）と無線手／機銃手席の頭上ハッチが開いているのが見える。

Ⅳ号戦車F型には短砲身型（Sdkfz.161）と長砲身型（161/１）があり便宜的に前者をF１型、後者をF２型と称している。車体前面上部装甲板に50ミリ１枚の表面硬化された侵炭鋼板を用いたほかに車体前方のMG34機銃が装甲球形架となった。

ロシア戦線における国防軍の最強部隊だった大ドイツ装甲擲弾兵師団（GD）のⅣ号戦車F１型。走行性能向上のために履帯幅が２センチ広くなり、転輪幅拡大、Ⅲ号戦車の小型砲塔ハッチ装備など多くが改良された。なお、F１短砲身型は462両生産である。

Ⅲ号戦車は力不足となり1942年3月にⅣ号戦車に長砲身7.5センチ戦車砲（KwK40）を搭載して対戦車戦闘に投入することになり、F１からの転換車25両と175両が生産されるが北アフリカ戦線ではマークⅣスペシャルとして英軍に脅威を与えた。

ロシア戦線の果て無き大草原における大ドイツ擲弾兵師団（GD）のⅣ号戦車F２型。長砲身砲装備で砲尾の後座量が大きくなり砲手、車長、砲弾格納架が変更されたが砲弾数はF１の80発から87発に増加してソビエトのT34戦車とKV１重戦車に対抗した。

Ⅳ号戦車G型で効率改良の複孔砲口制退機を装着し乗員５名が見られる。G型の主砲は当初F２型同様43口径7.5センチ砲だったが43年４月から、より長砲身の48口径7.5センチ砲である。前型の砲身内捩じれ溝は６度～９度だがG型は７度で製造も容易になった。

43年４月採用のⅣ号戦車G後期型の斜め上方からの写真で車体左右と砲塔周囲に成形炸薬弾防止用の装甲板（シュルツェン）とその取付架の状況がよくわかる。契約未完だったⅣ号F型の527両はG型として完成し、さらに1000両が追加発注された。

冬季ロシア戦線の雪原で戦闘中のⅣ号戦車G型だが履帯の接地圧を低くして雪原と泥濘地で走行性を改善する効果のあるオストケッテ（滑り止め）が履帯外側に張り出しているのが認められる。なお、G型の総生産数は1687両である。

Ⅳ号戦車が用いた２種の砲塔内主砲のレイアウトを示す。左）Ⅳ戦車A～F１まで装備された短砲身24口径7.5センチ砲戦車砲（KwK37）の砲尾と薬室（砲弾装填部）。右）Ⅳ号戦車G型の長砲身48口径7.5センチ戦車砲（KwK40）の砲尾部である。

1944年春、オランダにおける第12SS装甲師団ヒトラー・ユーゲント（HJ）のⅣ号戦車H型で訓練中の一齣である。この後、同師団はノルマンディ戦のカーンの攻防に投入された。H型はⅣ号戦車シリーズの最大生産型で3774両である。

森林通過中のシュルツェン（装甲防護板）装備のⅣ号戦車H型だが1943年10月以降に資材とコスト削減上から鋳造製後部誘導輪となった車両である。H型は車体前面が80ミリ厚装甲で車体前方と側面をインターロック（嚙み合わせ）方式にして耐弾性を高めた。

Ⅳ号戦車J型は最後の生産簡略車で1758両が生産された。シュルツェンは軽量だが効果的な金網編み目のドラート・シュルツェン（トーマ・シールド）となり電動砲塔回転用補助モーターは撤去され、この時期、意味のない240リットル補助燃料タンク区画となった。

戦争が終わり郊外に大きな損傷もなく放棄されたⅣ号戦車J型（432号車）で車上に付近の住民親子が見える。側面にメッシュ（金網）タイプのドラート・シュルツェンと車体後部にJ型独得の簡易型の縦状筒型の排気管が見られる。

Ⅳ号戦車H型指揮戦車で少し見難いが左砲塔脇に頂部が逆傘型に開いた星形アンテナを装備している。右フェンダー先端部に第12SS装甲師団ヒトラー・ユーゲント(HJ)のマーキングも認められ1944年夏のノルマンディ戦時にカーンへ向かう車両である。

1941年夏のロシア侵攻戦時のⅣ号潜水戦車（D型）で砲塔防盾部分にフレーム留め防水シールドが見られる。Ⅲ号潜水戦車の項でも解説したが1940年の英国上陸作戦用にⅣ号戦車も42両が潜水戦車に転換され水密と吸排気はⅢ号戦車と幾らか異なっていた。

バルバロッサ作戦初期のⅣ号潜水戦車(D型改造)であるが長距離走行用のドラム缶燃料をトレーラーに搭載し牽引している。英国上陸戦中止により第18装甲師団と第３装甲師団に配備されてロシア侵攻戦に加わった。

1940年までにⅣ号戦車C／D型車体利用によるⅣ号架橋戦車（ブリュッケンレーガーⅣ）がマギラス社とクルップ社で各10両製造された。この車両はクルップ・タイプであるが装甲師団の架橋小隊に配備された。

マギラス社で２両制作され1940年の西方戦で使用されたⅣ号突撃歩兵渡橋戦車でⅣ号C型車体にマギラス製渡橋を搭載するが消防用の50メートル梯子を活用している。

巨大な60センチ臼砲（54センチ砲も搭載できた）とともに行動する給弾車で1939年にⅣ号戦車D型から転換（E、F型利用の３種があった）全長2.5メートルの60センチ榴弾をエンジン上の格納部に搭載してクレーンで吊り上げ給弾した。

左奥は4000メートル射程の60センチ臼砲（カール砲）で右手前は重量2.17トンで全長2.51メートルの対コンクリート重弾をクレーンにて短砲身60センチ臼砲（カール砲）へ給弾中である。なお、軽弾は1.99メートルで重量1.70トンだった。

上）マギラス社開発のⅣ号戦車F型車体利用の軽装甲水陸両用牽引車でパンツァーファーレ（装甲舟）と称され1942年中旬に２両試作だが生産されなかった。ドイツの水陸両用車は湖沼や河川で用いる目的で英米のような上陸戦用ではなかった。下）水上航走中のパンツァーファーレで波に備えて高い位置に設けられた大型のエンジン排気筒が車体上部に認められる。物資の水上と陸上輸送には４輪タイプの専用の貨物搭載車を牽引した。

Ⅳ号戦車G型の7.5センチ砲と砲塔を利用したパンツァードライジーネ（戦車砲塔搭載装甲車台）である。武装パルチザンあるいは戦車の攻撃から輸送列車（装甲列車）を防護するべく列車の前後に連結した。同様目的で幾種かの戦車砲塔が利用された。

Ⅳ号戦車C型ベースのⅣ号地雷処理車で鋼製ローラーの踏圧で地雷を爆発させる。一方、前方２個のローラーの間を通過してしまった地雷は後部に牽引するローラーで爆発させる方式だったが操縦上の問題があり試作のみに終わった。

3.7センチ砲搭載Ⅳ号対空戦車〝メーベルワーゲン〟で英米航空戦力の脅威により過度期的解決策として大戦末期の1944年～45年にかけて240両が生産され装甲師団戦車連隊の対空小隊へ配備された。対空戦闘時に防護板が開き戦闘スペースが広くなった。

1943年以降、ドイツ地上部隊は制空権を取った英米空軍の戦闘爆撃機の攻撃に悩まされた。44年秋のフランス戦線における単装3.7センチ砲搭載Ⅳ号対空戦車メーベルワーゲンだが厳重な樹木迷彩を車体に施している。

チェコのBMM社で試作された４連装２センチ対空砲（FlaK 38）搭載Ⅳ号対空戦車（メーベルワーゲン）の試作型でⅣ号G型の車台利用だが生産には至らなかった。戦闘室が簡単なヒンジ止めで前後左右に開き完全なフラットとなる。

同じ４連装２センチ対空砲搭載Ⅳ号対空戦車で戦闘室を開いた状態だが左右防護板は10ミリ厚で前後板は中間材を挟んだ２枚の10ミリ厚装甲板になっている。この試作車は陸軍に否定され既述の単装3.7センチ砲搭載車両が採用された。

25ミリ装甲の6角形戦闘室に単装3.7センチ砲（FlaK 43）搭載のⅣ号対空戦車で試作1両新造7両転換36両がオストバウ社で製造されオストヴィント（東風）と称された。なお、上方は4連装2センチ対空砲搭載Ⅳ号対空戦車ヴィルベルヴィント（旋風）である。

対空戦車の最終進化型は革新的な3センチ砲搭載Ⅳ号軽対空戦車クーゲルブリッツ（稲妻）である。単装か連装3センチ砲をⅢ号／Ⅳ号戦車の車台に搭載しデュイブルグのドイッチェ・アイゼンヴェルケ（ドイツ製鋼所）で試作車2～4両が完成したとされる。

3.7センチ砲搭載Ⅳ号対空戦車オストヴィント（東風）のオストバウ社におけるH型ベースの試作車両である。1944年に戦車連隊の対空小隊に配備されたが数量が少なく対空戦闘の決定戦力とはならなかった。

同じ頃に開発された4連装2センチ対空砲（Flak 38）搭載のⅣ号対空戦車ヴィルベルヴィントの試作型（G型）である。試作を含めて87両がオストバウ社でF、G、H型から転換製造され他の対空戦車とともに装甲師団で用いられた。

1944年夏のフランス戦線における4連装2センチ砲装備の対空戦車ヴィルベルヴィント（旋風）。この砲は元来Uボート（潜水艦）搭載の威力ある対空砲で毎分最大1800発の発射速度を有していた。

1941年にヒトラーによるⅢ号、Ⅳ号戦車の火力増強要求によりクルップ社が長砲身60口径５センチ砲をⅣ号戦車D型に搭載した実験車両で1942年にオーストリアのザンクト・ヨハンで各種の冬季実験を行なった折のワンカットである。

Fig.71. Mock-up of Pz.Kpfw.IV mounting 7.5 cm. (L/70) gun.

Ⅳ号戦車も数種の発展型が考えられた。これはⅣ号戦車に長砲身の70口径（砲身長5.25メートル）の7.5センチ砲搭載プロジェクト用の写真であるが砲はダミーである。

Ⅳ号戦車の車体に7.5センチ無反動砲（砲塔上手前）と砲身の長い３センチMk103自動砲を搭載したユニークな計画車両の木型模型であるが実車は製造されなかった。

Ⅳ号突撃戦車／Ⅳ号駆逐戦車／自走砲

(Sturmpanzer IV/Sturmgeschutz IV/Jagdpanzer IV/Nashorn/Hummel)

低姿勢のⅣ号駆逐戦車は３種あり約2000両が生産された。写真は走行試験中のフォマーグ社生産の48口径7.5センチ対戦車砲搭載ヤークトパンツァーⅣ。戦闘室上前面の半円形機銃架レールと手前の角型突起は砲手の照準器用ペリスコープ（SflZF）で斜め後方の四角い突起は車長用の360度視界ペリスコープである。

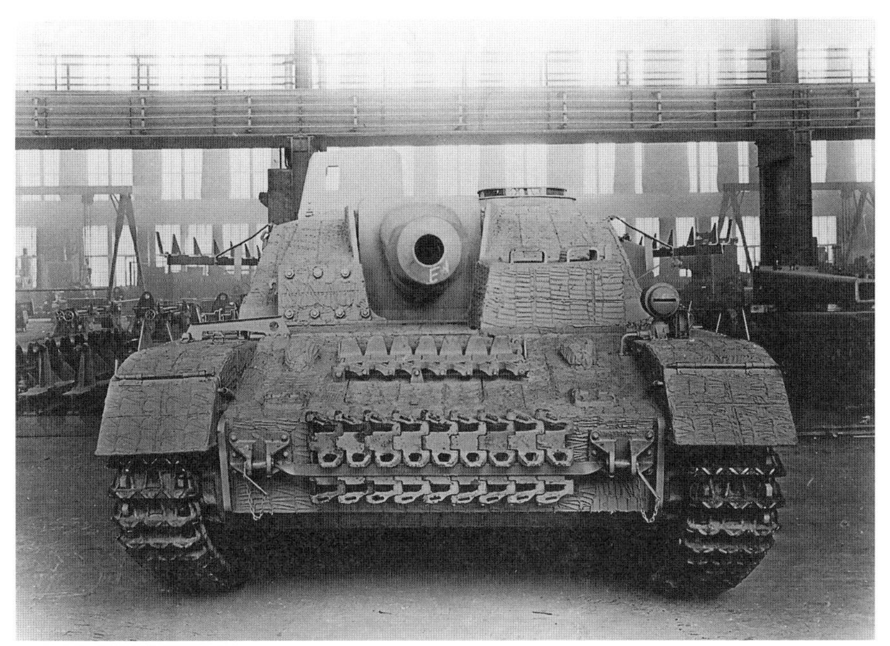

Ⅳ号G型車体のプロトタイプ。1943年11月16日にアルケット社は1400トンの猛爆を受けてⅢ号突撃砲生産の90パーセントを失い翌月の空襲で壊滅した。そこで43年12月中旬からクルップ社でⅣ号駆逐戦車の車台にⅢ号G型（H、J型も使用）の戦闘室を搭載して1141両がクルップ・グルソン工場で生産された。

ギリシャのテッサロニカにおけるⅣ号突撃砲中隊だが先頭車のキューポラから身を乗り出した指揮官が後続車に出発の合図を送る。先頭車の主砲防盾脇に追加された操縦手区画からドライバーが半身を出している。

1944年に東部戦線ベラルーシで10番目に大きいピンスク（小工業町）を行く撤退戦中のⅣ号突撃砲の隊列だが戦闘室前面、車体前面は80ミリの１枚装甲板に強化されていた。本車の運用はⅢ号戦車と同様で防御戦で歩兵支援に欠かせぬ兵器だった。

15センチ砲搭載Ⅲ号突撃砲33は成功しなかったが、ヒトラーは同様な市街戦用の重支援車両に固執し1942年秋にアルケット社で開発され４カ所の陸軍工廠で組み立てられたのがⅣ号突撃戦車ブルムベーアである。43年４月撮影のⅣ号G型車体の初期生産型。

上）1944年12月末～45年１月のドイツ最後の攻勢ラインの守り作戦（バルジ戦）時のブルムベーアで第２シリーズのH型車体使用の中期型である。前面操縦席の強化、ベンチレーター設置、金属転輪など幾つかの変更点があった。左下）デュイスブルグの陸軍工廠におけるブルムベーアの後期型で戦闘室右上部に追加されたMG34装甲機銃架が見える。右下）写真がぶれているが車体上部にMG42対空機銃架を備えた後期生産型である。

フォマーグ社で開発されたⅣ号駆逐戦車のプロトタイプで48口径7.5センチ砲基部の防盾部は生産型とはかなり異なっている。Ⅳ号戦車の前面垂直装甲板は耐弾性の高い２枚の鋭角デザイン装甲板（上部60ミリで下部50ミリ）構成となった。

1944年夏のイタリア戦線における空軍地上軍のヘルマン・ゲーリング師団に所属するⅣ号駆逐戦車だが左右の履帯を損傷して修理中である。全高が1.8メートルと姿勢が低く極めて隠蔽性に優れた対戦車戦闘車であることがわかる。

左）正面から見たⅣ号駆逐戦車（ヤークトパンツァーⅣ）で7.5センチ砲先端部に砲口制退器のない極初期型で主に駆逐戦車学校で訓練に使用されたようだ。ヤークトパンツァーⅣは1944年１月から11月までに769両が生産された。右）Ⅳ号駆逐戦車内の非常に狭いドライバー席でグリップ付２本の操縦レバーとその間にアクセルとブレーキがある。右の大型機器はZF-SSG-77ギアボックスで右上に計器盤が見られる。

フォマーグ社の２番目のⅣ号駆逐戦車でパンツァーⅣ／70（V）と称され44年～45年にかけて930両が生産された。長砲身70口径7.5センチ対戦車砲（PaK42）を搭載したがノーズヘビーとなり前方の２個ゴム転輪から金属転輪へ交換された。

パンツァーⅣ／70（V）のシュルツェンを装着した右側面を示すが砲口制退器のない7.5センチ砲を装備している。この駆逐戦車は105と106独立戦車旅団に配備されたが纏まって運用されたのは1944年末のラインの守り作戦時だった。

3番目のⅣ号駆逐戦車でパンツァーⅣ／70（A）と称されたアルケット社の開発型でニーベルンゲンベルケにて44年～45年に278両が生産された。この車両は通常のⅣ号戦車の車体上に長砲身7.5センチ砲を搭載し全高が2.35メートルと少し高くなった。

1945年春に西方戦場にて履帯損傷で放棄されたⅣ号駆逐戦車（パンツァーIV／70(A)）である。Ⅳ号駆逐戦車は戦争末期に突撃砲旅団の駆逐戦車大隊に配備されたほかに東部戦線で不足する戦車の補充などに用いられた。

1945年、ドイツ本土戦で撃破されたアルケット社型のⅣ号駆逐戦車だが車体側面の装甲防護板（シュルツェン）に代わる軽量で効果的な金網シュルツェンの装備や車両移動時に用いる長砲身7.5センチ砲の支持架やMG42機銃架などが見られる。

1942年末撮影の対戦車自走砲ホルニッセの試作車両でまだマズルブレーキが単孔球形である。ドイツ最大最良の8.8センチ対戦車砲を10〜15ミリ装甲で高姿勢なオープンタイプ戦闘室に搭載したが強力な砲力が脆弱な欠点をカバーした。

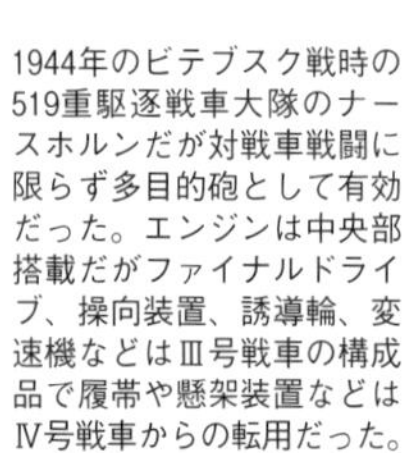

1944年のビテブスク戦時の519重駆逐戦車大隊のナースホルンだが対戦車戦闘に限らず多目的砲として有効だった。エンジンは中央部搭載だがファイナルドライブ、操向装置、誘導輪、変速機などはⅢ号戦車の構成品で履帯や懸架装置などはⅣ号戦車からの転用だった。

ナースホルンの8.8センチ対戦車砲薬室に82.2センチの長薬莢型10.2キロの徹甲榴弾（Pz Gr. 40/43）を装填中だが距離1000メートルで装甲厚190ミリ以上を貫徹できた。左端に5倍率で視度8度のSflZF 1 a照準具を覗く砲手が見える。

ロシア戦線で15センチ重自走榴弾砲フンメル4両が並び手前の車両の砲撃の瞬間だが、側面から見ると起動輪も誘導輪もⅣ号戦車のE～G型である。15センチ野戦重榴弾砲（sFH18）はドイツ陸軍の標準重砲で最大射程は13400メートルだった。

1944年初期の東部戦線の自走榴弾砲フンメルの左側面を示すがエンジンを中央に搭載して戦闘室を広く取ったので側面に排気グリルが見られる。また、この車両は車体後部の標準位置に予備転輪を装着している。

珍しいロシア戦線のⅣ号a10.5センチK18榴弾砲搭載自走砲〝ディカーマックス〟である。ロシア侵攻戦時に2両が評価のために第3装甲師団521駆逐戦車大隊に配備された。威力を証明したが重量、弱装甲、駆動系部品の脆弱性、分離式砲弾は低評価だった。

Ⅳ号戦車の車台利用の10.5センチ軽野戦榴弾砲18搭載Ⅳ号b自走砲（GW IVb）で1942年末に8両がクルップ・グルソン工場で試験製造された。だが、同時期にアルケット社開発のⅡ号戦車車台に同砲搭載の自走砲ヴェスペが応急採用されて本車は生産されなかった。

10.5センチ軽野戦榴弾砲18搭載Ⅳ号b自走砲（GW Ⅳb）が２両写る珍しい写真でロシア戦線へ送られて部隊評価が行なわれたが、このプロジェクトと開発経験は後のⅣ号駆逐戦車へと発展してゆくこととなる。

左）通常の10.5センチ軽野戦榴弾砲を薄い10ミリ厚の装甲回転砲塔に搭載したラインメタル・ボルジク社の試作車両であるが後述のクルップ社ホイシュレッケ10武器運搬車と同様に火砲を地上に降ろすことができた。右）後方から見たⅢ号／Ⅳ号戦車の構成部品利用の10.5センチ軽野戦榴弾砲搭載自走武器運搬車で火砲の地上使用のために後部に車輪２個が搭載されている。

ドイツ陸軍は火砲を地上に降ろして使用する分離式の武器運搬自走砲の開発を数年にわたり試みた。その一つがクルップ社のフンメル自走榴弾砲の車体を改装して10.5センチ軽野戦榴弾砲を搭載したのが、この武器運搬車ホイシュレッケである。

３両試作されたホイシュレッケ（ばった）は1943年10月以降、実験と改良が続き44年３月～５月に供覧されたが砲塔の着脱問題が満足できずに計画は断念された。写真は10.5センチ榴弾砲と砲塔を油圧装置で地上へ降ろして固定陣地に据え付ける試験中である。

Ⅳ号突撃砲の主砲と機銃を撤去して前面にドーザーを取り付けた応急改造車で1944年３月30日に撮影された写真だがブルドーザーとして用いたようだ。

Ⅳ号戦車と派生型

ドイツ装甲部隊育成の親グデーリアン大佐らは一五トン級のⅢ号戦車を主力戦車とし、二〇トン級のⅣ号戦車（秘匿名称BW＝護衛車（ベグライトワーゲン））を支援戦車と位置付けた。そして、最初のⅣ号戦車A型が三七年～三八年にぽつぽつと生産され、配備された第二装甲師団が最初に使用したのは、ヒトラーによる三八年三月一〇日のオーストリア・ウィーン進駐時だった。

Ⅳ号戦車A型

Ⅳ号戦車A型は三〇〇馬力のマイバッハHL108TRガソリン・エンジンに前進五速後進一速の変速機を装備し、鋼製履帯は三六センチ幅（のちに四〇センチ）である。足回りは前方起動輪、リーフスプリング懸架装置、各側八個の走行転輪と四個のリターンローラーで構成された。ドライバーは前方左側、右側は少し後方へ下がった通信手兼銃手席（MG34）で前面左右段差付装甲板の傾斜処理部分にピストルポートが設けられた。武装は短砲身二四口径七・五センチ戦車砲で同軸にMG34機銃を装備し、照準器は望遠鏡型TZF5b二・四倍率で有効距離二〇〇〇メートルまでである。砲は徹甲弾、榴弾、成型炸薬弾、煙（幕）弾を発射するが、PzGr39徹甲弾の場合、距離一〇〇〇メートルで傾斜角三〇度三〇ミリ厚装甲板を貫通できた。他方、装甲は五ミリ～一五ミリと薄く以降の改良型は防御力強化のために増加装甲の連続となった。砲塔は電動旋回式で二気筒の補助DKWガソリン・エンジンで行なった。砲塔レイアウトは上絞り傾斜二五度曲面装甲で左右二個のピストルポート、砲塔後上部の二枚ハッチ付き円筒形車長キューポラには防弾ガラス八個の視察口があり、付近に車長用の潜望鏡式外部観察スコープが設けられた。また、砲塔後方左右側面二カ所に大型乗員ハッチと二カ所の視察窓、そして、前方左右二カ所にフラップ開閉視察口がある。車体前方左ドライバー用視察窓は装甲フラップ開閉式で隣の通信手席で両者の頭上は二分割ハッチで、車体後部には発煙弾発射装置がある。車内の無線通信機器は一〇ワットのFuG5で通信範囲は二～四キロだが、この時期の無線通話による戦車運用は画期的な戦術の一つだった。しかし、これらの諸装置は次第に簡略化されてゆくことになる。A型は三七年一〇月～三八年三月にマグデブルグのクルップ・グルソン工場で三五両が生産され、ポーランド戦、ノルウェー戦、フランス戦に参加したのちに残存車両は四一年まで活動していた。

Ⅳ号戦車B型

三八年四月から改良B型が生産に入り三三〇馬力に強化されたマイバッハHL120TRエンジンと、新型六速変速機で路上最高時速が前型の三一キロから四〇キロへ大きく向上した。ドライバーと通信手兼銃手席の並列化にともない強化三〇ミリ前面装甲は直線となり、ドライバー視察窓は装甲ブロック強化型になった。車載機銃撤去でスリット付視察口となり、ドライバーと通信手の二枚型頭上ハッチは一枚型に変わり、車長用円筒キューポラは五個視察口の滑動装甲ブロックに強化された。また、増加装甲と機材追加で重量一八・八トンに増加して車両寿命に影響を与えた。B型は三八年四月から九月までクルップ・グルソンで四五両が生産され、各戦車連隊の軽戦車中隊に六両を配備してポーランド戦、フランス戦、初期ロシア戦線で用いた。しかし、次第に損耗してゆき四三年後半の前線ではほとんど見られなくなった。

Ⅳ号戦車C型

次のC型は三八年九月から生産され外観と性能はB型類似で重量一九トンとなり、改良型一二気筒三〇〇馬力マイバッハHL120TRMエンジンが搭載された。このエンジンはシリーズ最終のJ型を除く標準型エンジンとなった。また、A、B、C型共通で主砲下に設けられた逆Y字型鋼材は砲塔とともに回転する無線アンテナ避けである。生産数は少なく翌三九年八月までの一年間に一三四両納入で最初に第一装甲師団の中戦車中隊（一四両）に装備され、ポーランド戦以降は損耗しつつ四三年まで稼働した。

Ⅳ号戦車D型

ポーランド戦後の三九年一〇月から装甲強化のD型が生産されたが、懸架装置やエンジンなど多くの部分は前型に類似である。しかし、再びA型同様な前面二段装甲で段差間傾斜部のピストルポートも戻り、四角形の装甲マウントにMG34機銃が装備された。前面装甲は三〇ミリのままだが側面と後部装甲は一五ミリから二〇ミリへ増強され、後期型では溶接追加装甲板が前面と側面に設置されて重量が二〇トンに増加した。一方、A、B、C型の主砲前面の凹型防盾部は、命中弾による歪みで砲の迎角が取れなくなる欠点によりⅢ号戦車と同様な凸型主砲防楯に変更された。また、D型後期では砲塔後上部のキューポラ下部に金属製格納箱が設けられた。D型はA、B、C型の合計以上の二二九両が三九年一〇月から四一年五月までに生産された。Ⅳ号戦車の生産上昇とともに四〇年から各装甲師団の戦車中隊に六～一一両が配備されて、フランス戦、ロシア戦、北アフリカ戦で使用された。この型は大戦末期の四四年初期まで残存し、のちに、一部のD型が長砲身四八口径七・五センチ砲を搭載して訓練部隊や補充車両として用いられた。

Ⅳ号戦車E型

E型はフランス戦の戦訓で砲塔改良と装甲が強化され新設計駆動装置により走行転輪と前方起動輪が単純化されるなど多くが改修された。D型同様前面左右段差付きだが、元の三〇ミリ装甲板上に分割した三〇ミリ増加装甲板と車体側面に二〇ミリ装甲板をボルト止めして強化した。ドライバー用視察窓と装甲バイザーは大型化し、車体後部の排気管上部には従来と同じく発煙弾発射架が装着された。砲塔は対戦車砲弾の損傷防止上若干の変更が行なわれ、砲塔後上部で外側へ膨らむ車長用キューポラの装甲も強化された。また、砲塔上の吸排気ハッチは撤去されてカバー付き新排気ファンが設けられるなどの改造で重量は二一トンとなった。四〇年九月から四一年四月までに二二四両が生産され、D、E型四〇両は第五と第八戦車連隊配備で北アフリカ戦へ投入され、また、バルカン戦とロシア戦でも運用し、四四年初期まで戦場に残存していた。

Ⅳ号戦車F型（短砲身F1）

F型の短砲身型はSdkfz161で長砲身型は161／1と分類され、現在、便宜的に前者をF1型に、後者をF2型としている。Ⅳ号戦車の発展改良とは装甲と砲力強化であるが、F1型は車台、車体、装甲、駆動装置を一新して最も改良された型だった。連合軍の対戦車砲対策として砲塔前面を耐弾力の高い直線形状の五〇ミリ一枚装甲、側面と後部も三〇ミリ一枚装甲にし、主砲防盾も五〇ミリ強化で重量二二・三トンに増加した。同じ主砲で前方機銃は新クーゲルブレンデ50球形装甲自在架に搭載され、再設計のドライバー視察口は装甲強化で形状が少し変化した。また、車体前面上部のブレーキ点検ハッチに突起型の冷却通気口が設けられた。とくにA～E型までの三六センチ幅履帯を四〇センチ幅に拡大し、併せて前方起動輪も幅広となり路外走行性能（機動力）を向上させた。後部誘導輪のスポークもパイプ（菅）状となり、強化、資材節約、生産簡易化に役立った。車体後上部エンジン・デッキはD型風だが新エンジン排気筒、その隣に砲塔旋回補助エンジン用の小型四角形の排気装置が装着された。砲塔側面一枚タイプの乗員用ハッチは防弾ガラス付の左右二枚開きタイプに変わり、車体と砲塔は完成域の最終レイアウトになった。これ以降のⅣ号戦車は単に装甲と砲力強化および不要と判断された装備品の逐次撤去、または、資材節約、生産簡易化によるコスト減上の改造だった。四一年四月から四二年三月までに四六二両生産で逐次戦場へ送られたが劣勢はつづいた。

Ⅳ号戦車F型（長砲身F2）

短砲身型Ⅳ号戦車は支援車両でありソビエトのT34やKV1重戦車に対抗するには不充分だった。そこで、四二年初期に大型砲塔環を有するⅥ号戦車に長砲身高威力の四三口径七・五センチ（KwK40）戦車砲を搭載した二三トンのF2型が登場した。戦車砲の反衝装置の改良と砲身先端部に反衝を抑止する球形単孔の砲口制退器を装着した。距離二〇〇〇メートルで三〇度傾斜の六〇ミリ厚装甲板を貫徹して連合軍戦車の撃破が容易になった。戦闘室内の弾薬格納庫も改造されてF1型の主砲弾八〇発搭載から八七発に増加した。二・四倍率の新望遠鏡式TZF5f照準器は徹甲弾は二五〇〇メートル、榴弾なら三〇〇〇メートルまで有効だった。四二年三月～七月に一七五両（プラス二五両はF1から転換）が生産されて戦線へ送られた。戦闘力が高く全戦線で戦車乗員を喜ばせることになった。ことに北アフリカ戦線では限定数だったが英軍に衝撃を与えて〝マークⅣスペシャル〟と称されて大いに警戒された。

Ⅳ号戦車G型

四二年五月登場の重量二三・五トンのG型はF1型をベースに戦場での生存性向上と戦車増産が意図された。車体前面と下部に五〇ミリ追加装甲板をボルト止めか溶接で強化し、ドライバーと無線手兼銃手の頭上ハッチの信号弾ポートと砲塔前側面の視察口は省略された。車両後部に厳寒時のエンジン起動に役立つラジエター水の放熱交換孔が設けられ、後部煙弾発射架を撤去して三連装発煙弾発射筒を砲塔前方上部角に装備した。G型初期のキューポラ頂部の左右両開き二枚型ハッチは後期型で左へ開く一枚タイプとなり装甲も強化された。また、砲口制退器もG型初期に効果の高い複孔タイプに交換された。G後期型の顕著な変化は四三口径七・五センチ砲（KwK40）の全長三・二三メートルから、四八口径の三・六〇メートルとなり、高初速、弾道性能、装甲貫徹力の改善で戦闘能力が向上した。G型初期の望遠鏡式照準器はF2型と同じTZF5で、後期型はTZF5F／1で徹甲弾は三〇〇〇メートル、榴弾は四〇〇〇メートルまで有効となった。
ドイツ軍はⅣ号戦車のことをロトバルト・デュンホイティッヒ（皮膚の薄い赤ひげ）などと、装甲の薄さを自虐的に表現していた。四三年に〝シュルツェン〟と呼ぶ薄い装甲鋼板が車体側面と砲塔周囲に装着され、装甲板間の空隙で爆発力の減殺を意図した。この六分割装甲板は着脱可能で車体両側面上部の溶接レール状架に装着されたが戦闘時に外れることも多かった。G後期型の生産中に次のH型用の新起動輪が装着され右前方側面部のアンテナを左後部へ移設した。G型の最終生産型と次のH初期型が類似だったのは生産ラインを止めずに改良が逐次行なわれたからである。生産数は四二年五月〜四三年六月に一六八七両に急増して全装甲師団の戦車中隊に配備することができた。

Ⅳ号戦車H型

一九四三年のロシア戦線でⅣ号戦車は重要な役割を果たしたが、装甲強化と量産性の向上が優先課題だった。四三年四月〜四四年七月に細部改良されたのがH型である。重量は二五トンに増加して新前進六速のSSG77変速機装備だが前型の時速四〇キロから三八キロに減じた。他方、前面装甲は八〇ミリ二枚結合装甲板になり、車体側面と後部は三〇ミリに強化されシュルツェン（側面装甲板）も継続された。前方起動輪のスポークタイプ、走行転輪ハブ・キャップの単純化、ゴム不足でゴム付リターンローラーは金属製ローラーとなり、管状の後部誘導輪はH後期型で鋳造製に交換され、のちの最終J型でも使用された。主砲はG型に同じで対空対策としてキューポラ上端周囲の円形架にMG34機銃が装備された。G型同様にツィンマーリット耐磁塗装を施したが完全乾燥に八日間もかかり四四年秋に廃止された。H型はシリーズ最大生産型となり四三年四月〜四四年七月に三七七四両が工場から前線へ向かった。Ⅳ号戦車はよく構築された部品補給網もあり、依然として陸軍装甲師団、装甲擲弾兵師団、SS（武装親衛隊）装甲師団の頼みの綱であることに変わりはなかった。このためにグデーリアン装甲兵大将はⅣ号戦車の生産中止計画に強く反対して生産が続行されていた。

Ⅳ号戦車J型

最終タイプのJ型は資材不足を背景としたH型のさらなる簡略化型だが、戦場に供給されたのは四四年夏の連合軍によるノルマンディ上陸作戦時である。エンジンはH型と異なり二七〇馬力のマイバッハHL120TRM112で同じ時速三八キロである。大きな違いは電動砲塔旋回用の補助エンジンが撤去されて手動旋回となり、後部左端の専用排気筒が省かれた点である。撤去スペースに追加燃料タンクが増設されてH型の燃料搭載量四七〇リットルは六八〇リットルに増加したが、すでに戦闘車両用ガソリンと航空燃料の不足が深刻なレベルになっていたので実質的メリットはなかった。H後期型とJ前期型は同じ駆動系統と鋳造誘導輪を用いたが一部では管状誘導輪も見られた。J後期型はリターンローラー四個が三個になり一部は走行転輪が金属製の履帯簡素化や牽引具受けの簡略化などが行なわれた。Ⅳ号F1型以降の車体後部の横配置排気管は撤去されて簡単な二本の筒状縦型排気管となった。砲塔天井部装甲は一五ミリから一八ミリに強化され、加えて厚い吸排気口装甲カバーが設けられた。また、歩兵との近接戦闘用の〝S－マイン投擲器〟が装備されたほか、砲塔のピストルポートと視察口は省かれるか溶接で閉じられた。シュルツェン装甲板は資材節約上ワイヤーを網目状にしたドラート・シュルツェン（トーマ防護）を車体側面上部の管状架から吊り下げていた。J型は四四年六月から四五年三月までに一七五八両が生産されたものの、かなりの車台が火砲搭載の自走砲に利用された。四四年は七八七五両とドイツ戦車のピーク生産年だが、うち、長砲身Ⅳ号戦車は三一二六両で四〇パーセントを占めたという事実から、依然、ドイツ戦車部隊の中核であったことがわかる。Ⅳ号戦車はエンジンやメンテナンスの良好性に加え、部品供給の円滑さが戦場での高稼働率を示した。

Ⅳ号指揮戦車（パンツァーベフェルスワーゲンⅣ）

四八口径七・五センチ砲搭載の指揮戦車は旧式化したⅢ号指揮戦車の代替えとして四四年三月から九月までに九七両がニーベルンゲンヴェルケで生産された。FuG5+FuG7かFuG8無線装置搭載だった。

Ⅳ号砲兵観測戦車（パンツァーベオバハトゥングスワーゲンⅣ）

砲兵の射撃支援が目的で一九四四年から四五年三月までに九〇両生産されたがFuG4+FuG8など搭載無線装置が異なり砲塔上に増設アンテナが見られた。この車両は後述する一五センチ重自走榴弾砲フンメル部隊へ供給された。

Ⅳ号潜水戦車（タウハパンツァーⅣ）

英国上陸あざらし作戦で使用予定のⅢ号潜水戦車と同様に一九四〇年に四二両がD、E型から転換されて海底一〇～一五メートルを走行可能なように水密化された。Ⅲ号潜水戦車と異なり追加的にエンジン空気吸入口、排気口の追加防水、キューポラ、砲防盾、機銃口などが防水キャンバスで覆われ、操縦席視察口は特殊な金属板で防水された。あざらし作戦中止により第一八と第三装甲師団に配備されて四一年夏のロシア侵攻戦で用いられた。

Ⅳ号架橋戦車（ブリューケンレガーⅣ）（BLⅣ）

装甲工兵大隊用にクルップ社が開発し、マギラス社の架橋をⅣ号戦車CとD型車台に搭載して四〇年に二〇両が生産されて、装甲師団の架橋小隊で用いられた。

Ⅳ号突撃歩兵渡橋戦車（シュトゥルムシュティークⅣ）

もう一種はⅣ号戦車C型ベースで歩兵が用いる突撃小橋で、マギラス社製架橋は消防車の梯子のような繰出式で、三九年八月に二両が完成してフランスとロシアでの陣地戦などで使用された。

六〇センチ臼砲カール用弾薬運搬車

重量一二四トンの巨大な六〇センチ自走臼砲カールの弾薬運搬車としてⅣ号F型から少数が転換された。この車両は二・二トンの六〇センチ砲弾三発を搭載できる特殊装備車で、砲弾懸吊用の電動三トン・クレーンを車体上に搭載していた。

Ⅳ号戦車回収車（ベルゲパンツァーⅣ）

一九四四年一〇月～一二月に三六両がⅣ号戦車から戦車回収車に改造された。砲塔を撤去して木製の箱型構造物を車台上に設置し、後部エンジン・デッキ上にデリック・クレーンを装備した。

PZF戦車浮舟（パンツァーファーレ）

一九四〇年完成のLWS水陸両用牽引車（その他の戦闘車両参照）の更新用でⅣ号戦車利用の水陸両用牽引車が四二年に二両試作されたが量産されなかった。

Ⅳ号多連装ロケット発射装置搭載実験車

ラケッテンヴェルファーⅣはⅣ号戦車の砲塔を撤去してハッチ付き小型の箱型装甲構造物と四発搭載の箱型ロケット発射器装備の実験車だった。これら以外に装甲列車や貨物列車の前・後部に接続する装甲平貨車上にⅣ号戦車の車体上部と七・五センチ砲と砲塔を搭載した戦車砲塔搭載車台（パンツァードライジーネ）という特殊型少数が対パルチザン対策として用いられた。

Ⅳ号地雷処理車（ミネンローラーⅣ）

Ⅳ号戦車C型の車体前方に大型鋼製ローラーと後方に中型ローラーを装備して地雷を踏圧で爆破する地雷処理車だが試作のみである。

BW（Rh―B）

この車両は一九三八年にラインメタル社とクルップ社で開発したウィルソン型操縦機構の実験車でのちのⅣ号戦車の参考に供された。

BW40

一九四〇年にⅣ号E型ベースで一両試作された懸架装置の大型複合転輪実験車両である。

Ⅳ号流体変速機実験車

武装親衛隊（SS）の指令によりG型の後部エンジン室に流体変速機を搭載して四四年一〇月に試作されたオートマチック車だった。

Ⅳ号対空戦車三・七センチ対空砲搭載メーベルワーゲン（フラックパンツァーⅣ）

連合軍の空からの脅威が増すにつれ前線では対空防御システムの再編成が急務となり、グデーリアン大将は戦車部隊のための本格的な対空戦車を要請しつづけⅣ号戦車利用の対空戦車が数種生産された。メーベルワーゲン（家具運搬車）は威力ある単装三・七センチ対空砲（FlaK43）搭載で四四年三月に登場した。上部戦闘室は一〇ミリ厚箱型装甲板でヒンジにて上下左右に開き戦闘時にフラットになり戦闘員の運動性は良いが弾片には無防備だった。全高二・八メートル、弾薬四一六発を搭載して三六〇度の射界が得られた。戦術的価値は充分ではなかったが四五年三月までに二四〇両がドイッチュアイゼンヴェルケで生産されて戦車連隊対空小隊に配備された。

Ⅳ号対空戦車四連装二センチ砲搭載ヴィルベルヴィント

次の対空戦車は四三年一二月に登場した四連装二センチ砲搭載ヴィルベルヴィント（旋風）である。全周一六ミリ装甲の多角形の回転砲架内に四連装二センチ砲が搭載され乗員防護性も向上したがオープントップ砲塔で地上戦闘には向いていなかった。シレジァ・サガンのオストバウ社で生産され、対空砲用に三二〇〇発の機銃弾および、無線手操作の機銃用に一三五〇発が搭載された。

Ⅳ号対空戦車三・七センチ砲搭載オストヴィントⅠ

オストヴィント（東風）は四四年一二月から四四両（試作一、転換三六、新造七両）が同じくオストバウで製造された。多角形砲架に単装三・七センチ対空砲43を全周回転砲台に搭載して弾薬一〇〇〇発を格納した。本車は地上戦闘能力も有し、装甲師団の対空小隊に配備されて大戦終了時まで使用された。

Ⅳ号対空戦車三センチ砲搭載クーゲルブリッツ

最終開発型はクーゲルブリッツ（閃光）だがルールのドイッチュアイゼンヴェルケ社で四五年二月に二両が製造された。ラインメタル・ボルジク社の三センチ機関砲（Ｍｋ１０３／38）二門を円形の密閉回転砲塔に搭載して精度は高かった。弾薬一二〇〇発を格納し、砲塔の全周回転時に二〇秒で一五発を発射する。その後、陸軍は西部戦線用に五種の対空戦車を検討してドイッチュアイゼンヴェルケ社で生産予定だったが戦況悪化により実現しなかった。そのほか、戦闘爆撃機の迎撃用のオストバウ社の駆逐車45（ツァシュテラー45）と、Ⅳ号対空戦車オストヴィントに連装三・七センチ対空砲44搭載計画が検討された。また、アルケット社の駆逐車４５１０は四連装三センチ対空砲１０３／38型の搭載案だったが、連合軍の戦略爆撃で阻害され生産されなかった。

Ⅳ号a一〇・五センチK18カノン砲搭載自走砲

別称ディカーマックス（太っちょマックス）は一九四一年五月二六日にヒトラーの山荘会議で、対コンクリート陣地戦か対戦車戦闘用にⅣ号戦車利用の自走砲製造が指示された。その一つがクルップ・グルソン工場製の二五トン車で装甲二〇〜三〇ミリのオープントップ箱型戦闘室に一〇・五センチ・カノン砲を搭載した自走砲である。四一年三月三一日にヒトラーに供覧され、二両製造のみだが東部戦線での評価試験では有効性を立証して見せた。

Ⅳ号b一〇・五センチ軽野戦榴弾砲搭載自走砲

同じく四二年にクルップ・グルソン工場製のⅣ号戦車ベースの一〇・五センチ軽野戦榴弾砲搭載の自走砲（ゲシュッツワーゲン）で多くの部分で異なっていた。しかし、Ⅱ号戦車利用の自走砲ヴェスペの採用で中止となった。

Ⅳ号突撃砲（シュトゥルムゲシュッツⅣ）

一九四三年一二月からクルップ社グルソン工場でⅢ号突撃砲と同じ七・五センチ突撃砲搭載のⅣ号突撃砲が一一〇八両（初期転換車三一両）生産された。前面装甲八〇ミリ、側面三〇ミリ、重量二三トンで主砲弾は六三発を格納した。Ⅳ号突撃砲はⅢ号突撃砲とともに四三年末から突撃砲旅団に配備されたが、グデーリアン装甲総監指揮下の戦車部隊も戦車と混合使用した。

Ⅳ号突撃戦車ブルムベーア（シュトゥルムパンツァーⅣ）

ブルムベーアはアルケット社開発でⅣ号戦車の車台に箱型装甲戦闘室と短砲身一二口径一五センチ突撃榴弾砲43を搭載した近接支援車両である。四三年春から四五年春までに二九八両（転換車八両）が生産された。操縦席形状が少し異なり重装甲で車体前面一〇〇ミリ、全高二・五二メートルと高姿勢で重量二八・二トン、三八発の一五センチ榴弾を携行して全戦線で使用された。

Ⅳ号駆逐戦車（ヤークトパンツァーⅣ）

Ⅳ号突撃戦車の発展型がⅣ号駆逐戦車だが似たような三種が製造された。最初の型は一九四三年五月一四日に木型模型がプラウエンのフォマーグ社で製作された。主砲はラインメタル・ボルジク社担当で突撃砲と異なる四八口径七・五センチ戦車砲を搭載してヒトラーに供覧された。前出のⅣ号突撃砲は全高二・二メートルと低姿勢だが駆逐戦車はさらに低く一・八五メートルと優れた隠蔽性を有して防御戦闘に有効だった。

四三年一〇月に一号車が製造され、翌四四年一月から一一月までに七六九両と車台二六両が生産されて急遽戦場へ送られた。六〇ミリ車体前面装甲は噛合方式（インターロッキング）で側面装甲板は三〇ミリでこの時期の標準である。重量は二四トンで七九発の砲弾を携行した。突撃砲とは機能が異なり四四年三月に駆逐戦車中隊に配備されてイタリアのヘルマン・ゲーリング装甲師団（空軍地上部隊）が使用し、ロシアそしてノルマンディ戦で対戦車戦闘に投入された。

Ⅳ号駆逐戦車（パンツァーⅣ）／70（V）

二種目は同じフォマーグ社型（V）で四四年八月から四五年三月までに九三〇両生産された。重量二五・八トンで火力が大きく長砲身七〇口径七・五センチ対戦車砲を搭載し、効果的で〝グデーリンの鶏〟と呼ばれた。装甲は八〇ミリに強化されたが長砲身砲搭載でトップヘビーとなり路外操縦性が悪くなった。最初の戦闘参加は四四年のアルデンヌ攻勢時だった。

駆逐戦車（パンツァーⅣ）パンツァーⅣ／70（A）

三種目はアルケット社型（A）で同時期にJ型車体を用いて二七八両がニーベルンゲンヴェルケで製造された。同じ対戦車砲だが戦闘室スペース確保のために四〇センチ高姿勢の二・三五メートルとなりノーズヘビー防止用に前方四個転輪は金属リムである。多くが独立突撃砲旅団に配備された。

一方、対戦車戦闘の最終開発型としてⅣ号戦車の車台にドイツ最大の七一口径八・八センチ砲搭載案を四四年一月にクルップ社が提案した。しかし、過荷重で搭載不能となり計画のみに終わった。また、駆逐戦車開発の一環として七・五センチ無反動砲搭載のモックアップなどの諸案が検討されたが実現しなかった。

Ⅲ／Ⅳ号八・八センチ砲搭載自走砲 ホルニッセ／ナースホルン

七一口径八・八センチ対戦車砲は優れた性能を示し、四二年にⅢ号とⅣ号戦車を合体させた強化車台に本砲搭載の自走砲化が図られ、四三年初期からドイッチュアイゼンヴェルケで四五年三月までに四九四両が生産された。当初はホルニッセ（スズメ蜂）と呼ばれたが後にナースホルン（犀）となった。重量二四トンでオープントップ箱型戦闘室を有し全高二・六五メートルは砲の高さ二・二六メートルによるもので四〇発の砲弾を携行した。装甲は車体前面で三〇ミリ、側面二〇ミリ、上部戦闘室は一〇ミリと薄く砲力は威力があったが防御力不充分で応急的解決策である。ナースホルンは独立重駆逐戦車部隊を編成して軍や軍団単位に配備された。

Ⅲ号／Ⅳ号一五センチ榴弾砲搭載フンメル

重榴弾砲搭載自走砲の最終開発車はフンメル（まるはな蜂）となった。試作型は砲口にマズル・ブレーキ装着だが四四年三月の生産開始とともに撤去された。重量二三・五トン、全高二・八メートル、砲弾数一八発、上部戦闘室装甲は一〇ミリで、ドイッチュアイゼンヴェルケで六六六両が生産された。フンメルは極めて効果的な兵器で四三年から装甲師団の装甲砲兵大隊で運用された。

弾薬運搬車フンメル

弾薬運搬車フンメルは武装を撤去した以外はほぼ同じで一五〇両が製造されてフンメルと行動を共にした。また、同じ弾薬車だが内部構造の異なる車両も設計され四四年一〇月から毎月六両生産予定だったが実現しなかった。

Ⅳb武器運搬車（ヴァッフェントレーガーⅣb）GWホイシュレッケ

一九四二年からⅣ号戦車をベースに開発されたクルップ製武器運搬車（クルップ・ホイシュレッケ10とも称された）は砲塔と一体化された一〇・五センチ軽野戦榴弾砲（火砲の車輪は車両後部に積載）を前線へ搬送するが走行中の砲撃も可能だった。車体後上部搭載の簡易クレーンで砲塔ごと地上に設置するが、四三年にクルップ社で三両が製造されただけだった。

Ⅲ号／Ⅳ号軽野戦榴弾砲搭載武器運搬車

ホイシュレッケの競作はもう一種あった。ラインメタル・ボルジク社の試作でドイッチュアイゼンヴェルケで一両製造された軽武器運搬車である。Ⅲ号／Ⅳ号戦車のコンポーネント使用で先のクルップ車搭載の一〇・五センチ砲の改良型を搭載した。

その他の計画として一二・八センチ砲か重野砲を搭載運搬する中型武器運搬車は図面だけだった。また、四二年一〇月にヒトラーは三〇・五センチM16臼砲（攻城砲）を二分割してⅣ号戦車の車台に搭載しようとしたが、毎月一〇〇両のⅣ号戦車の生産が減じられるとグデーリアン大将は反対した。

Ⅳ号戦車の車台をベースにして2両だけ製造されたクルップ製の10.5センチ・カノン砲搭載試作自走砲（別称ディカー・マックス）でロシア戦線の第3装甲師団にて実戦評価中のワンカットであるが周囲に支援車両群が見られる。評価試験は成功したが生産には入らなかった。

Ｖ号戦車パンターと派生型
(Panzerkampfwagen V Panther & variants)

Ｖ号戦車パンターは二次大戦中にドイツが開発した唯一の主力戦車だが同時代の戦車の中では火力と装甲防御力に優れていたが開発不充分で機械故障に悩まされながら次第に信頼性を高めていった。喉頭マイクとヘッドフォンを着用しハッチから身を乗り出す無線／銃手。

ソビエトのT34戦車を凌駕すべくヒトラー命令でダイムラー・ベンツ社とマン社でV号パンター戦車の競作が行なわれた。写真はマン社試作型VK3002（車両番号2606）の実験中の珍しいカットだがまだ砲塔は搭載されていない。

左）砲塔搭載の試作パンターVK3002（MAN）で砲塔上筒型車長キューポラ、球形マズル・ブレーキ、砲塔側面前方の3連装煙弾発射筒、車体前方の前照灯など極初期の特徴が見られる。右）砲塔後部のキューポラ部の張出、特徴的な後部エンジンデッキ上の円形冷却ファン、四角い排気グリルと横置排気管などが認められる。

最初の量産型V号パンター戦車D型のプロトタイプであるが砲塔真下の白枠の中に民間車両IA（ベルリンを示す）？0806が認められる。D型200両は1943年夏のロシア戦線ツィタデル作戦（クルスク戦）に投入されたが機械故障で充分活躍できなかった。

1943年夏のドイツ軍攻勢ツィタデル（城塞）作戦時のラウヘルト戦車旅団第51か52戦車大隊の筒型車長キューポラ付パンター戦車D型で184両が運用されたが充分戦力化されず決戦兵力にならなかったが140両以上のソビエト戦車を破壊したとされる。

史上最大のクルスク戦車戦時における第51戦車大隊５中隊（445号車）のパンターD型で砲塔後部と車体側面に76.2ミリ砲弾の命中破孔が見られる。損傷車は回収されてカラチェフから鉄道輸送でドイツ本国へ戻された。

やや上方から見たパンター戦車D型の改良型であるA型（なんらかの理由でD、A、Gの順で分類された）のプロトタイプだが砲塔上部の車長ハッチが筒型から逆皿型の鋳造製に変更され周囲に7個の外部観察用のペリスコープが装備された。

パンターA型（中期生産型）の左側面部だがツール類はほぼ完備している。A型は1943年8月から44年4月までに2000両が生産され東西両戦線で用いられたがⅢ号、Ⅳ号戦車と完全に交代することはできなかった。

1944年2月、イタリアのローマ市内をゆく第4戦車連隊第1大隊のパンターA初期型。イタリア戦線唯一のパンター戦車部隊だった第1大隊はこのあと76両をもって連合軍のアンチオ上陸阻止戦のフィシュファング（魚の罠）作戦に参加する。

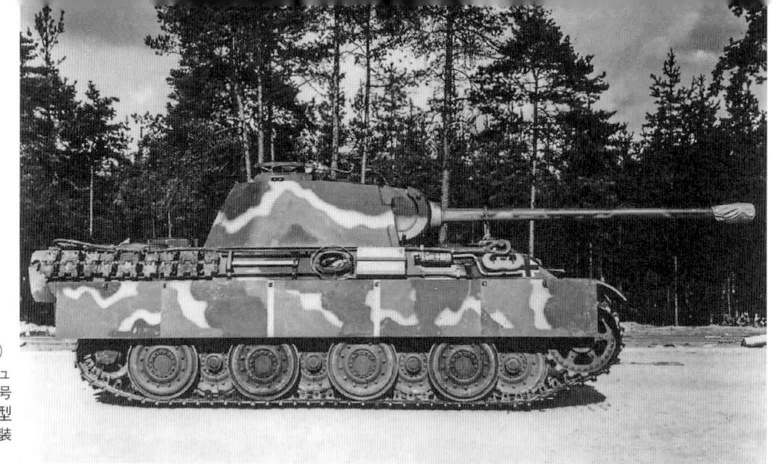

1944年９月22日にマン（MAN）社で撮影されたカモフラージュ塗装のパンターG型（車両番号121052）で全金属製転輪装備型で車体側面にシュルツェン（装甲防護板）が見られる。

改良と重量増化で本来の設計限界を越えたパンター戦車の刷新用にパンターⅡが開発されたが生産に入らず経験と技術は次のG型で用いられて二次大戦最良戦車の一つとなった。この車両はゴム節約の金属転輪型である。

ドイツ本土防衛ジークフリートラインで放棄されたパンターG型で総統擲弾兵師団所属車両で手前の人物は米軍の情報士官。この車両は砲塔防盾底部に入った跳弾が薄い天井板を貫通して乗員を殺傷するのを防ぐために砲防盾下部に顎を設けた後期型である。

左）Ｖ号戦車F型は８両の車体がDB社で製造され搭載予定のシュマルトゥルム（狭砲塔）が１基完成しG型車体と合体されたのが写真の車両である。ティーガーⅡ戦車と共通部品を用いてパンターⅡとなる予定だったが生産されず技術はG型に用いられた。右）DB社（チェコ・スコダ社も設計関与）でパンターⅡ搭載予定のシュマルトゥルムで主砲基部のザウコプフ（豚鼻）防盾と全体を絞り耐弾性に優れたものだった。距離3000メートルでも高精度砲撃可能な光学式ステレオ測距儀（基線長1.25メートルのレンズ部突起が見える）を装備した。

無線アンテナを増設した初期のパンターD型指揮戦車（パンツァーベフェールスワーゲン）で弾薬搭載数を減じて砲塔内にFuG５無線機とFuG７かFuG８無線機をギアボックス上に搭載した。

車体後部デッキ上に星型アンテナを増設したグロスドイッチュラント（GD）師団のパンター戦車A型指揮戦車で車上に上るための鉄梯子と後部端の横置き配置主砲洗竿格納筒も見られる。指揮戦車は43年５月から45年２月までに329両が通常戦車から転換された。

フランスで鉄道輸送中に捕獲された車両だが砲塔上に増設された６本の上方開き全方位用星型アンテナ（２種の無線機搭載）と刷新された斜め側面装甲板を有するG型指揮戦車である。左下にライフルを背にした仏武装レジスタンス員が見られる。

主砲に代えてダミー砲を装備したパンター砲撃観測戦車で1943年〜45年にかけて41両が転換されたが写真の車両は初期のD型である。広くなった車内に基線長1.25メートルのステレオ測距儀と〝ブロクシュテレ０〟砲撃座標テーブルが配置された。

二次大戦末期に夜間行動が主だったドイツ戦車部隊は赤外線暗視装置搭載車を生み出した。パンターG型の車長キューポラ上に有効距離400〜500メートルのFG1250投光器とZG1221赤外線スコープ照準具が見られる。極少数が実戦に参加した記録が残される。

1945年春、東欧の第１SS（武装親衛隊）装甲師団〝親衛アドルフ・ヒトラー〟の第１SS戦車連隊のD型ベースのベルゲパンターが履帯損傷車を牽引しているが、すでに前面の機銃架は設置されていない。通常各戦車連隊に２〜４両が配備されて利用価値が高かった。

ティーガーとパンター戦車の戦車回収車は43年以降、339両（ほかに転換車両８両）が生産された。車両前方に機銃架があるが使用されなかった。車台上部に木製の乗員保護枠と後部に回収時に踏ん張るスペード（鋤）が見られる。

左）前方から見た戦車回収車ベルゲパンターで戦車回収時に威力を発揮する40トン・ウィンチと1.5トン・デリックを装備した。12両がパンター戦車２個大隊で編成されたラウヘルト戦車旅団に配備され43年夏のクルスク戦時に初めて投入された。右）連合軍の航空優勢と脅威が増し、有効な対空戦車の開発が焦眉の急だった。これは1943年末にラインメタル社計画の対空戦車ケーリアンのモックアップである。パンターD型車台に中高度迎撃に有効な連装3.7センチ対空砲を搭載予定だったが開発が遅れた。

パンター戦車の車台にドイツ最強の8.8センチ対戦車砲を搭載したのが重駆逐戦車ヤークトパンターである。戦闘室前面装甲80ミリと耐弾性の高い100ミリ厚のザウコプフ（豚鼻）砲防盾を有した。訓練地におけるヤークトパンターの初期型。

訓練中のヤークトパンター初期型だが最初の配備はノルマンディ戦直前の1944年６月で559と654駆逐戦車大隊に配備されて１個中隊10～14両程度だった。ドライバー以外の乗員４名は全て天井部に装備された外部観察ペリスコープを用いた。

左）1942年夏にドイツ最強の8.8センチ対戦車砲搭載の重駆逐戦車開発要請によりDB社が43年夏に開発したヤークトパンターのモックアップ。試作と製造はMIAG社に移され生産はMNH社が加わって44年１月～45年３月までに413両が生産された。右）重駆逐戦車ヤークトパンターのプロトタイプ（MIAG社で43年末に２両）。写真のように前面ドライバー席に２個の外部観察窓やモノブロック（単一）砲身、砲防盾部周囲の細く四角い溶接された砲マウントなど生産前期型と同じ外見的特徴が見られる。

後方から見た走行中のヤークトパンターで戦闘室後部に乗員／補給用に開いたハッチが見える。ベース車体はパンター戦車で懸架装置は同じだが重量増加によりトランスミッションや駆動系統が改良されていた。

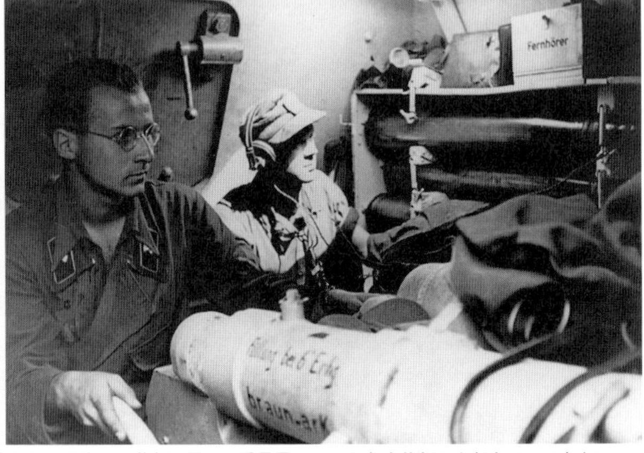

左）ヤークトパンター初期型の斜め上方からの写真で天井部の開いた乗員用ハッチと主砲基部の上部向かって右上は主砲照準具が突出する際の移動用レールと開口部保護装甲板である。右）ヤークトパンターの戦闘室で後部の四角い大型の乗員ハッチの内部ロック装置が興味深い。手前の円筒は88ミリ砲の砲撃反動を減じ元位置へ戻す駐退複座装置（2本）で左側乗員は砲手、右は装填手で壁面に長大な88ミリ砲弾格納架が見られる。

1945年3月、独仏国境のシュバルツバルト（黒い森）で英軍に撃破された655重駆逐戦車大隊のヤークトパンター後期型で車両前方に88ミリ砲弾が見られる。2分割砲身と強化されたボルト留め式となった砲マウントになり砲身交換と整備が容易になった。

1945年春、東部戦線で放棄されたヤークトパンター〝328〟号車。654、559、519、560、650、655駆逐戦車大隊が本車を装備したが生産遅延で充分な戦力編成ができなかった。

Ｖ号戦車パンターと派生型

一九四一年夏のロシア侵攻戦時にドイツ軍はソビエトの新鋭Ｔ34とＫＶ１戦車に遭遇してⅢ号とⅣ号戦車は急速に旧式化した。ただちにドイツ陸軍は戦車委員会を組織して捕獲Ｔ34戦車を調査し、急遽開発されたのが現在でも古さを感じさせないヒトラー命名によるＶ号戦車パンター（豹）である。Ｔ34戦車対抗の三〇トン級新戦車開発が進められ競作はマン社とＤＢ社で砲塔はラインメタル・ボルジク社が担当した。当初、Ｔ34戦車似のＤＢ社案（ＶＫ３００２・ＤＢ）が採用され二〇〇両が発注された。しかし、四二年五月の両案再検討の結果、ヒトラーはマン社案（ＶＫ３００２・ＭＡＮ）の優位性を認め、四二年一二月から翌四三年五月までに二五〇両を生産してドイツ軍の夏季攻勢投入が予定された。パンター戦車は強力な火砲と優れた防御力を有したが、戦場投入を急ぐあまり開発不充分なまま生産に移り初期型は多くの問題に直面した。

パンター戦車の乗員は五名で車長、砲手、装填手は砲塔内にあり、出入と砲弾供給は砲塔上部の車長キューポラと砲塔後部の大型円形ハッチを用いた。対歩兵近接戦用ピストル・ポートは砲塔両側面と後部にあり、操縦手は前面左の装甲蓋付観察窓を用い戦闘時には閉鎖され車体上部のペリスコープ二基を運用した。操縦手右側の機銃手／無線手は前面の狭幅外開き長四角型装甲蓋を開いて機銃射撃を行なった。

足回りは前部起動輪と後部誘導輪、そして、複雑な片側四組八個の皿状大型複合転輪とトーションバー懸架装置を有して乗り心地は良好だったが、雪や泥濘の詰まりが問題となった。車体装甲は適切な傾斜を有して命中砲弾を逸らす高い耐弾効果があった。マン社生産の最初の二〇両の前面上部四〇度傾斜車体の装甲厚は六〇ミリだが四二年秋から八〇ミリに強化された。砲塔は傾斜角二五度の四五ミリ厚装甲板で六〇ミリ厚同等を示したが後部のみは直線構成である。本車も他のドイツ戦車同様に増加装甲と改良で重量が増加し、結果的に最終のＧ型で四五・五トンとなりティーガーⅠ重戦車に匹敵したが、パンターが秘める潜在力を充分に発揮するには登場時期が遅かった。砲塔前面装甲一〇〇ミリで半円形防盾付の威力ある主砲七〇口径七・五センチ戦車砲を搭載し、同軸に七・九ミリＭＧ34機銃を装備した。最初の二五〇両のエンジンは六五〇馬力のマイバッハＨＬ２１０だったが七〇〇馬力のマイバッハＨＬ２３０Ｐとなり、前進七速後進一速の変速機で最高時速四六キロ、航続距離二〇〇キロで標準のＦｕＧ５送受信機を搭載した。

量産上の部品の標準化で既存の変速機を用いたために高い重量負荷がかかるファイナル・ドライブ・ギア（歯車）の脆弱性を原因とする破損問題があり、資材的に高品質鋼材（合金）不足により熱処理鋼材強化対策が行なわれたが最後まで完全に解決できなかった。その後、多くの改良が施されてパンターは両軍を通じて最良戦車の一つとなったが、ドイツの戦況悪化、資材不足、戦車コストの削減問題、そして、連合国空軍の戦略爆撃が部品製造の軍需工場を破壊して組立システムと輸送態勢が寸断された。また、ドイツには生産に必要な労働者を残すシステムがなく熟練工不足が顕著となり強制収容所の囚人労働者たちが工場に送り込まれた。だが、彼らは隠れたサボータジュ（妨害行為）を引き起こして品質管理上の問題となった。派生型はD、A、G型の順で総生産数は諸説あるが約六一六〇両で主力生産はマン社の三五%、ダイムラー・ベンツ社とMNH社で三一%だった。

戦争後半の四三年夏からソビエト軍が全戦線で強力な反撃戦を開始してドイツ軍は崩壊戦線の保持に苦慮した。この頃ヒトラーはロシア中央戦線のソ軍突出部を攻撃して戦線優勢を獲得すべくツィタデル（城塞）作戦を実施するが完成直後のパンター戦車を装甲戦の中軸として投入したが、多くの機械的故障に悩まされて決定的戦力にならず、作戦発起の逡巡で時期を失してソ軍に主導権を握られることになる。

V号戦車パンターD型

最初に生産されたのはパンターD型で一〇〇〇両がマン、ダイムラー・ベンツ、MNH、カッセルのヘンシェル・ウント・ゾーンの各社へ分割発注されたが八五〇両に減じられた。ヘンシェル社のみが生産時にカッセルのウェグマン社製造砲塔を用い、他社は車体と砲塔を一緒に生産した。結局、D型は八四二両が生産されて少数がベルゲパンター（戦車回収車）に転用された。戦況の悪化によりヒトラーはパンター戦車を前線へ緊急に供給するように命じたが、最初の二六両が四社で完成したのは四三年一月のことだった。だが、未試験のパンター戦車は機械的故障とエンジン問題により再組立が行なわれるなど戦闘投入が遅れた。対策後の四三年六月下旬に九六両が第五一戦車大隊とともにロシア戦線へ出発した。さらに数日後に九六両（二両の戦車回収車ベルゲパンター含む）が第五二戦車大隊へ送られ、七月五日にD型の一八四両がロシア中央部クルスク戦線のソビエト軍突出部を狭撃するツィタデル（城塞）作戦に決戦兵力として投入された。後にH・グデーリアン装甲兵大将が参謀本部総長に提出した報告書によれば、攻撃二日後の稼働パンター戦車は四〇両で五日後には一〇両、そして、二五両は戦闘で破壊され、五六両は戦闘で損傷し、四四両は機械故障、残りは原因不明で戦場に散在したと述べている。これについて別資料では二〇〇両中一六〇両が参加して九日後に稼働四三両だったとする記述も見られる。

V号戦車パンターA型

最初の戦場投入は成功しなかったパンターD型は、設計問題ではなく不充分な試験、戦場へ派遣前の乗員訓練の不適切が原因と評定された。確かに新造パンター戦車は戦場で多くを喪失したが、一方でT34戦車を距離三〇〇〇メートルで撃破したという砲力報告もあり、実際に一四〇両以上のソビエト戦車を破壊したことは注目に値した。こうした結果からパンターD型がA型に移行するに際して基本部分で大きな差異がなかったのは理解できる。A型エンジンはD型同様HL230Pだが、燃料噴射式八〇〇馬力のマイバッハHL234エンジン搭載は戦争終了までに導入できなかった。二番目の量産タイプA型（本来はA、B、Cと分類されるがパンターはD、A、G型となり分類上の間違いだとされる）の生産は四三年八月から始まり四四年五月までにデマグ社が加わり二一九二両が生産された。基本はD型と同じだが性能向上を含めて広範囲に改良された。車長キューポラはD型のドラム（筒）タイプから逆皿型鋳造製となり周囲に七個の外部観察用ペリスコープが装備された。D型の車体右前面傾斜装甲板上の四角い装甲機銃架は四三年末に装甲球形機銃架に変更された。また、一六個転輪ボルト型はゴム部の損傷が多く二四個ボルト型へ強化され、駆動系改良、排気冷却系改善、砲塔左側面の弾薬補給口と砲塔側面のピストル・ポートの廃止により、砲塔頂部に煙弾／擲弾を発射するS－マイン対歩兵近接支援兵器（ナーフェァタイディングスヴァッフェ）が装備された。また、生産中に双眼鏡式照準器TZF12から単眼鏡式照準器TZF12aに交換されるなどの改修でパンターは本格的な戦闘戦車となった。

V号戦車パンターG型

パンターG型は最後の最多量産型で戦場戦訓を汲み取ってよく改良されていたが、一方で連合国空軍の戦略爆撃でドイツ産業は破壊された。そうした環境下の一九四四年三月からマン、DB、MNHの各社で三一二六両が生産されたのは一種の驚きでもある。対戦車砲と砲弾の発達対応でパンター戦車は装甲増加で重量が増し、駆動系統に本来の設計限界を越える負荷がかかった。各種問題の抜本的解決のために一九四三年からティーガーII重戦車との部品の互換性を意図した強装甲、強武装、コスト減で生産容易なパンターII型（従来型はパンターI型）が開発されたが、試作車一両製造のみで生産には入らなかった。しかし、このパンターII型の開発経験と技術は再設計により次のパンターG型に注入された。新車体は履帯防御を兼ねて車体側面前方から後方へかけて傾斜する単板五〇ミリ厚装甲板となり、一方で底部と車体前下部の装甲厚を減じて重量バランスをとった。

車体左前面のドライバー席観測窓の撤去で視界は回転ペリスコープ使用で前面装甲強度を増した。また、ドライバー席は上下可動式で上面ハッチから顔出操縦が出来、並列の無線手の上部ハッチは軸支持式からヒンジ方式となった。他方、四四年九月から不足するゴムに代わり金属製の転輪リムが用いられて四五年度生産計画のパンターF型に継承する予定だった。他に、駆動系統の信頼性の向上、ギアボックスにオイルクーラーの装備、三ミリ厚の装甲弾薬箱、のちに、エンジン・ファンから暖気を取り込む戦闘室暖房装置が設置されて四四年末からは消炎マフラーも装備された。同時期のもう一つ顕著な改善は前面砲塔環と車体の間へ跳弾や弾片が入り込み前方乗員席の薄い装甲天井部貫通の損害防止上、七・五センチ砲の基部防盾下部に「顎」が設けられたことである。パンターG型は四四年一二月のヒトラー最後のアルデンヌ攻勢時に四五〇両が投入された。

V号戦車パンターF型

この型はV号戦車新型としてDB社が開発した狭幅砲塔（シュマル・トゥルム）搭載車でF型と称した。次のパンターIIまでの繋ぎでドイツ敗戦間近の一九四五年初期にDB社で車体八両が製造されたが試作車一両だけだった。シュマル砲塔は被弾防御対策で前面露出面積を最小限にして装甲を一二〇ミリに増加し、被弾径始に優れる豚鼻型（ザウコプフ）砲防盾を備えた。砲塔内前面に横置き基線長一・二五メートルの光学測距儀照準器（EM1・25R（Pz）TZF13）を備えて目標捕捉レンズ部が砲塔左右に突出していた。また、F型の主砲は従来型と同じ七・五センチ砲だったが最強の八・八センチ戦車砲搭載も検討された。

パンターII

一九四三年末にティーガーII重戦車との

構成部品の標準化を意図し、パンター戦車の欠点だったファイナル・ドライブ問題解決と安価なパンターII型が計画されたが、開発遅れで試作車完成は四五年になってからだった。こうした事情ですでに完成していたDB社設計の狭幅砲塔がF型に搭載されることになった。また、F型の主砲照準器の進化型である基線長一・三メートル、あるいは、一・六メートル光学測距儀搭載で距離三〇〇〇メートルでも精度の高い砲撃が期待された。

二次大戦後に少数の残存パンター戦車が各国で用いられた。例えば、五〇両のパンター戦車がフランス陸軍の503e連隊で使用され一三両がルーマニア陸軍第一機甲旅団で装備された。また、四五年五月に英軍がハノーファーのMNH社を接収して研究のためにパンター戦車生産を続行させ、戦車九両と一二両のヤークトパンターが製造されたが以降の記録は見当たらない。

パンター指揮戦車

戦場で戦車部隊を指揮するパンター指揮戦車は四三年五月～四五年二月に三二九両が転換された。攻撃力維持のために七・五センチ砲は残されたが弾数は六四発に減じて機関銃弾数は転換前の型により異なった。車体左後部の標準無線アンテナ以外に砲塔上部に一・四メートル長のロッド・アンテナと後部エンジン・デッキの中央に星形アンテナを装備し、搭載無線はFuG5＋FuG7かFuG5＋FuG8である。

パンター砲兵観測車

砲兵観測車は四四年から四五年にかけて四〇両がパンター戦車D、A、G型から転換された。主砲はダミー砲を備えたが、自動目標標定装置の搭載で精度の高い砲撃座標が得られる優れた車両だった。

赤外線暗装置搭載パンター戦車

連合国空軍に制空権を握られて夜間に行動するドイツ戦車の戦闘を有利に導くユニークな車両があった。これは、車長キューポラ上部に赤外線暗装置搭載パンター戦車（インフラロトシャインヴェルファー）である。夜間戦闘用のFG1250赤外線投光器とZG1221赤外線照準器が用いられたがレーダーと異なり探知距離は短かった。また、大型の赤外線放射と探知装置を装備してより遠距離を覆域捜索する装甲兵員車とチームを組んで、夜間戦闘を任務としたが戦争末期に少数が実戦に出た記録が残されるだけである。

戦車回収車パンター（ベルゲパンター）

一九四二年末に登場したティーガーI重戦車の回収と牽引は一二トンや一八トン重牽引車を連結して行なっていた。加えて四三年半ばからパンター戦車投入と重戦車牽引の必要性からベルゲパンター三三九両がマン、ヘンシェル、デマグの各社で製造され、四四年に八両が既存戦車から転換された。最初の一二両は四三年六月のマン社製で、その後、ヘンシェル、デマグ社で生産されたが、D、A、G型の砲塔など上部構造物を撤去して車体周囲に木製の乗員保護板が設けられた。四〇トン動力ウィンチと一二トン・デリックを搭載して牽引作業を容易にするための大型鋼製の鋤（すき）が後部に装備された。当初、車体前方に機銃架が設置されたが使用されず後に撤去された。装甲師団の修理／戦車回収中隊に二～四両配置されて損傷重戦車を素早く回収修理して再び戦場へ戻すのに力を発揮した。

対空戦車ケーリアン

本車は一九四三年にラインメタル・ボルジク社で設計された本格的な対空戦車だった。完全密閉型砲塔に高度一〇〇〇メートル以下で有効な連装三・七センチ対空砲をパンター戦車の車台に搭載しようとした。しかし、四四年初頭に五・五センチ砲搭載が検討されるなど開発が遅れてD型車台に砲塔のモックアップ搭載のみに終わった。
他方、四一年一一月のパンター戦車競作で敗れたDB社案のVK3002（DB）をベースにMB507ディーゼル・エンジン搭載の幾種かの戦車、自走砲、対空砲などが提案されたがこれも設計あるいはモックアップだけに終わった。

重駆逐戦車ヤークトパンター

ヤークトパンターはパンター戦車の車台利用の強力な駆逐戦車で、箱型戦闘室は前方斜度五五度で装甲八〇ミリ、後方三五度四〇ミリ、左右三〇度五〇ミリの装甲構成で、主砲はティーガーII重戦車の同系砲でもっとも強力な七一口径八・八センチ対戦車砲を砲弾五七発とともに搭載し、豚鼻型（ザウコプフ）砲防盾部は装甲が一〇〇ミリあった。強装甲、強火力のヤークトパンターによる重駆逐戦車大隊を編成して攻撃的戦闘車として意図されたが、他の駆逐戦車同様に歩兵あるいは戦車による防御支援を必要とした。四二年一一月、クルップ社でモックアップ完成だがDB社へプロジェクトは移され、さらに一二月にブラウンシュバイクのMIAG社（ミューレンバウ・ウント・インドゥストリー・AG）が引き継ぎ、二両の試作車完成までに度重なる変更で四四年一月に最初の五両が生産された。兵器局はMIAG社に月産一五〇両の生産目標を与えていたが連合国空軍の四発重爆による同社爆撃で生産はさらに遅延した。このためにハノーファーのMNH社とポツダムのMBA社（マシーネンバウ・ウント・バーンベダルフ・AG・ノルトハウゼン）が生産に加わったがこれらの工場群は連合軍爆撃で破壊された。結果、MBA社は三三両、MNH社は一一二両、MIAG社は二六八両で、四五年三月に生産を停止するまでに合計四一三両（三九二両説もある）で終わった。無線装置は一〇ワット送受信機のFuG5とFuG2受信機を搭載し重量四六トンである。初期型は砲のマウントが狭幅溶接タイプで後期型は砲の交換修理が容易なボルト留め幅広マウントである。左のドライバー席前方にはペリスコープ式観察窓があり他の乗員は頂部設置のペリスコープを使用した。また、天井部には対歩兵近接支援兵器が装備され車体前方右方にはMG34機銃も搭載された。車台は基本的にパンター戦車と同じだが駆動系統の変速機は改良型が搭載された。エンジンは七〇〇馬力のマイバッハHL230Pで最大時速は四五キロである。

1945年春、ドイツ本土防衛戦中のパンター戦車G型であるが砲塔直下に跳弾が入り込み上部の薄い装甲板を貫通して乗員の殺傷を防止するために主砲防盾下部に出っ張りを設けた後期型であることがわかる。

Ⅵ号戦車ティーガーⅠEと派生型
(Panzerkampfwagen Ⅵ Tiger ⅠE & variants)

平貨車積載で前線へ向かうティーガーＩE重戦車後期型。貨車からはみ出ないように幅52センチの輸送用履帯を装着し前方に72.5センチ幅の戦闘用履帯が準備され着地で履き替えた。なお、砲塔上部に７個の観察口があるパンター戦車と同じ車長キューポラが見られる。

ヘンシェル社は1937年からDWⅠ（突破戦車）とDWⅡに続き38年にVK3001（H＝ヘンシェル社）を開発したが旧式となり次の競作VK3601へ進んだ。写真はそのVK3001（H）で４両試作型が製造され砲塔重量相当のダミー鉄材を搭載している。

この２枚の写真は1939年にポルシェ社で２両開発されたガソリン/電動駆動方式のVK3001（P＝ポルシェ社）の珍しい写真である。本車の経験は次の競作VK4501（P）へ技術継承され、さらに重駆逐戦車フェルディナンド/エレファントへと進む。左写真の車上向かって右端はポルシェ博士である。

前掲のVK3001（H）のうち２両は陸軍兵器局の要請で1942年初期に12.8センチ・カノン砲搭載重自走砲に生まれ変わった。長大な火砲搭載により全長が延長され転輪も１個増設されているのがわかる。

12.8センチ砲搭載自走砲２両はロシア戦線へ送られたが１両はソビエト軍に捕獲された。写真は長大な砲身先端部に22両の戦果を示すキル・マークを描いたロシア戦線における同車の珍しい写真である。

この車両は既出のヘンシェル社のVK3001（H）に続く試作型VK3601（H）で1942年に７両が試作されたが主砲に予定された口径漸減砲のタングステン弾の資材供給問題により中止された。車上前部で軍帽を被った人物は試乗するヒトラーである。

左）ティーガー戦車の試作ＶK4501（H）（写真）と4501（P）の競作車は42年４月20日のヒトラー誕生日にラシュテンブルグ総統本営で供覧の結果ヘンシェル社案が採用された。車体前面上部に渡渉時の可動式トリム・ベーン（波切）が見られる。右）ヘンシェル社ミッテルフェルト工場でのティーガーVK4501（H）で42年７月から44年８月までにヘンシェル社とウェグマン社で1355両が生産された。右奥に技術継承されたVK3001（H）が認められる。

ティーガーＩＥの最初の495両は各部水密化で水深４メートルの河川渡河能力（潜水）を付与された。写真はエンジンへの空気供給用に後部デッキ上に吸入筒を立てているが生産簡易化のために以降廃止されて渡渉能力1.21メートルとなった。

ティーガーＩE初期型の右側面を示す。砲塔上部前方に対歩兵戦闘用のNbK39煙弾発射装置（Sミネ対人地雷発射装置は廃止された）と後部左右端に２個１組のファイフェル塵埃フィルター（Tp＝熱帯）に接続するパイプや牽引用鋼索など外装品も見られる。

1943年４月、北アフリカ戦域チュニジアで英軍が初めて捕獲した501重戦車大隊１中隊車（141）のティーガーＩの初期型でボービントンにてテスト中である。後方写真により後部左右両端に装備された熱帯塵埃フィルターと無骨な装甲カバー付排気管が見られる。

1944年１月からゴム資材不足と生産の簡易化により転輪外周部のゴム部をなくして金属製転輪としたティーガー戦車の最後期型であるが、この車両は輸送用の52センチ幅の狭軌履帯を装着している。

ティーガー装備の重戦車大隊の多くは軍や軍団直轄の独立重戦車大隊だったが直接ティーガー大隊を保有した師団もあった。1944年夏、ベラルーシのオルシャ地区における第505重戦車大隊１中隊車（111号車）で車両の修理中である。

503重戦車大隊車両でクルスク会戦直前の43年夏にズメナンカにて慣熟訓練中。砲塔下の車体上面左側ハッチは操縦手用で右側は無線／銃手用。車体上左右に牽引索、砲塔上部の筒状車長キューポラ、両側面の３連装90ミリ発煙／榴弾発射筒（NbK39）なども見える。

独得の砲塔番号〝B14〟を描いたGD師団3戦車連隊10中隊1小隊4号車。長距離行軍に備えて砲塔を後部へ回し燃料ドラム缶を砲塔上に搭載している。初期の砲塔側面後部のピストル・ポートは撤去されて乗員脱出ハッチが設けられているのがわかる。

SS101（のちにSS501）重戦車大隊のティーガーＩＥ後期型で対磁ペースト（ツィンマーリット）を車体に塗布している。1944年秋に北フランスのベルギー国境に近いマルルの街に放棄された車両で牽引に失敗したのか脇に鋼索が転がっている。

1943年夏、ロシア戦線における第505重戦車大隊のティーガーIE指揮戦車（Pz Bef Wg）で3両あった大隊本部のⅡ号車である。第505重戦車大隊は歴戦の部隊で43年〜45年までに1000両近い戦果を挙げたと伝えられる。

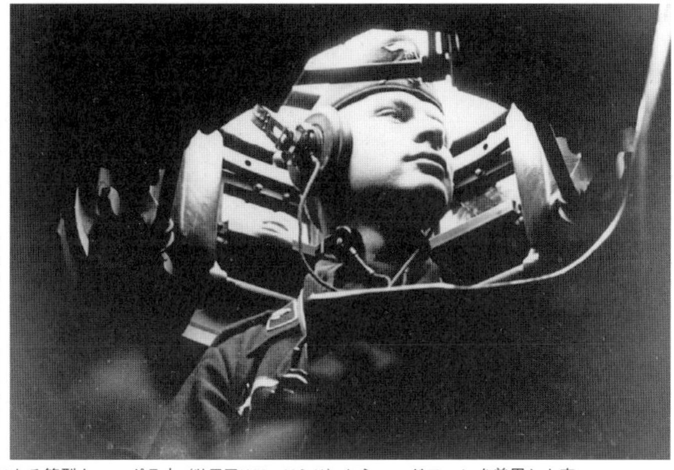

左）ティーガーＩE前期型の砲塔頂部にある筒型キューポラ内（装甲厚は50〜80ミリ）からヘッドフォンを着用した車長が双眼鏡で前方を観察しているが側面に観察スリット（５カ所）と砲塔外側面に予備の履帯リンクが認められる。右）ティーガーＩE重戦車のキューポラ内部の車長だがヘッドフォンと喉頭マイクの装着方法が良くわかる。外部観察スリット用の防弾ガラスブロックが車長の後方にあり左右には保護パッドが認められる。

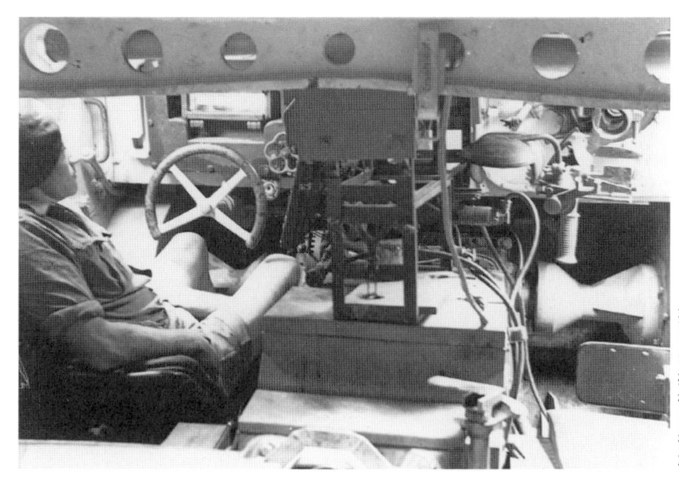

英軍が北アフリカ戦で捕獲したティーガーＩEの操縦席（英兵が座っている）で左に半円形の操舵輪（右脇の板状のものは計器板）と座席左右にあるレバー（非常用）で操縦したが全体に余裕ある戦闘室だった。中央の箱状架に無線機がセットされた。

戦車学校における戦車兵の訓練中の一齣だが手前は56口径の8.8センチ砲身内を洗竿で掃除している。右上のティーガーIEは筒型車長キューポラと車両後部にファイフェル防塵フィルターを装備した前期型で左奥に別の２両のティーガーも見える。

左）砲手席（直上は車長席）と望遠双眼式TZF 9 b照準器（のち単眼TZF 9 c）で円形の照準目盛を用いレンズ内の左側目盛はMG機銃照準用の100メートル刻みで1200メートルまで、右側目盛りは主砲用で100メートル刻み4000メートルまでだった。中央黒筒は手動砲塔旋回装置。右）左端は車内を２分する巨大な8.8センチ砲の砲尾部だがやや右上に同軸MG42機銃があり右側の半円形は砲塔が回転する砲塔環である。

ティーガー戦車は重量を適正に配分する大型のゴム付皿型のダブル転輪と単転輪が重なる挟み込み方式と８本の独立トーションバーにより大重量を支えて乗り心地と安定走行性能を確保した。ヘンシェル社カッセル工場で履帯を装着中のワンカットである。

戦車回収車ベルゲパンツァー・ティーガーＩＥで8.8センチ主砲を撤去して砲塔上に円筒状のクレーン支柱を装備したティーガーＩＥ改造の戦車回収車とされている。この車両は砲塔上に逆皿型の車長キューポラを搭載した後期型である。

ティーガー戦車の正式な派生型ではなくほんの少数が現地で改造された戦車回収車だが、戦車研究家のトム・ジェンツ氏によれば、本車は508重戦車大隊で改造された地雷処理車だとする説を紹介している。

突撃歩兵砲や突撃戦車同様に強固な目標破壊の市街戦用重突撃砲が1943年中期以降、ティーガーをベースに開発され、38センチRW61ロケット砲搭載突撃臼砲（シュトゥルムメルツァー・ティーガー）となった。ベルリンのアルケット社におけるプロトタイプである。

1943年10月、ヒトラーに供覧された突撃臼砲ティーガーで車上左端にヒトラーの顔が見える。海軍のUボート用に開発された38センチ・ロケット砲を改良装備し射程は6000メートルで砲口周囲の多数孔は推進ロケットの発射ガス排出用である。

突撃臼砲ティーガーは1001、1002、1003突撃臼砲中隊に配属されて主に1945年春のドイツ本土防衛戦に投入された。写真に見られる5.4口径の短砲身38センチ・ロケット砲は左右射角10度で俯仰角度は０度から85度までと狭かった。

1001突撃臼砲中隊のシュトゥルム・メルツァーで1945年２月にライン河畔ルール工業地帯のボン付近のドロルスハーゲンで防衛戦中故障により放棄され米軍が捕獲した車両だが車両前面に修理部品が転がっている。

Ⅵ号戦車ティーガーⅡBと派生型
(Panzerkampfwagen Ⅵ Tiger ⅡB & variants)

ＰＫ（宣伝部隊）のルーゲ・カメラマンが撮影したポルシェ砲塔搭載のティーガーⅡB初期型。向かって右前方のドライバー頭上に双眼望遠式照準器（TZF 9 b）の照準口があり、主砲基部左が単眼の同軸機銃口、車体前面の球形機銃架、その右側に前照灯などが認められる。

初期50両にクルップ（ポルシェ）砲塔を装備したティーガーⅡB量産車タイプのモックアップ（木製）で砲塔側面やや前上方に光学ステレオ・タイプ（立体投影式測距儀で実車には装備されなかった）照準の計測レンズ部が見える。

ティーガーⅡBは撓み易い履帯だったので1944年５月に固定バー式履帯リンクに改良され、同時に新駆動輪となり噛合歯車も18枚から９枚になった。なお、履帯は1945年３月にダブル・リンクからシングル・リンク式に最終的に変更されている。

クルップ砲塔を搭載したティーガーⅡBプロトタイプ。競作で実現しなかったポルシェ社のVK4502（P）の砲塔用にクルップ社で先行生産された曲線構成の50基（試作３両＋生産47両）のクルップ製砲塔を搭載してポルシェ砲塔と称した。

この２枚の写真はベルリン南25キロにあるクンマースドルフ陸軍実験場における曲線構造のポルシェ砲塔搭載のティーガーⅡの試作６号車の珍しい写真である。砲塔左側面に初期の双眼式の主砲照準器口（2.5倍率TZF９b）が認められる。

1944年夏、フランスのメ・イイー・ルカンで慣熟訓練中の503重戦車大隊３中隊のポルシェ砲塔搭載のティーガーⅡで手前は323号車で向こう側は324号車。複雑な曲線構造砲塔は量産に向かず50両以外は直線構造のヘンシェル砲塔が採用された。

英軍が捕獲したティーガーⅡB（181号車）で最初の50両以外の量産車は本車のような直線傾斜構成のヘンシェル砲塔を搭載している。なお、1944年４月以降の生産分から8.8センチ砲は単砲身型から２分割型砲身となった。

503重戦車大隊３中隊長車（ヘンシェル砲塔の300号車）で乗員が分割タイプの前方フェンダー部を取り付けている。この大隊が45両で完全編成となるのは44年９月22日であり、10月にハンガリーのブダペストへ出動して以降、東部戦線で戦闘を行なった。

1944年～45年のラインの守り作戦時にベルギーのラグレーズで米740戦車大隊が初めて無傷状態で捕獲したヘンシェル砲塔のティーガーⅡである。この車両は著名なパイパー戦闘団のSS501重戦車大隊３中隊３小隊２号車（332）で直ぐに米国へ送られた。

1944年末に再編成された第509重戦車大隊のティーガーⅡであるが大戦末期に採用された〝ヒンターハルト（待ち伏せ）〟と呼ばれるスポット迷彩を施している。1943年〜45年までの大隊の戦果は500両以上とされる。

ティーガーⅡBの競作で不採用になったポルシェ社の２両の試作車VK4501（P）はティーガーⅠと同じ56口径8.8センチ砲を搭載してティーガー（P）重戦車となり北アフリカ戦線に投入予定だったが駆動系統トラブルにより中止された。

ウィーン北西にあるデラースハイムの国防軍訓練地で試験を行なうティーガー（P）重戦車。当時は革新的な方式だったF・ポルシェ博士によるガソリン・エンジン＋電気モーター駆動のハイブリッド方式も機構の複雑さや技術的水準から実用上で問題が多かった。

すでに100両の先行生産が行なわれていたポルシェ・ティーガーの車体に8.8センチ対戦車砲搭載の重駆逐戦車90両の生産が43年２月にヒトラー命令で行なわれた。試作車の車体前方向かって右端はポルシェ博士で操縦席に顔を出すのはA・シュペア軍需大臣。

アルケット社設計→クルップ社戦闘室→ニーベルンゲンヴェルケ組立の重駆逐戦車フェルディナンド（のちにヒトラー命令でエレファントと改称）で1943年４月23日撮影の生産１号車（150001）である。

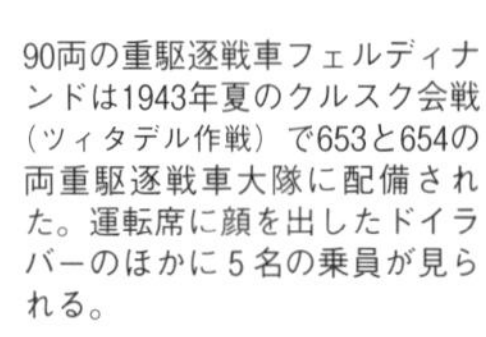

90両の重駆逐戦車フェルディナンドは1943年夏のクルスク会戦（ツィタデル作戦）で653と654の両重駆逐戦車大隊に配備された。運転席に顔を出したドイラバーのほかに５名の乗員が見られる。

クルスク会戦前の653重駆逐戦車大隊のフェルディナンドで車体前面装甲100ミリ+100ミリ厚の増加装甲がボルト留めされている。この時の戦訓によりのちの残存48両には車体前面右側に機銃架と車長キューポラが設けられた。

ティーガーP重戦車から43年9月に転換された重戦車回収車で501重戦車大隊に配備された。エンジンを中央搭載として後部に小砲塔状の構造物と前面に球形機銃架を設け小型のデリック・クレーンなどを装備した。

連合軍の膨大な装甲戦闘車両に対してドイツは巨大で砲力優位な重駆逐戦車をもって戦場支配を意図した。そのひとつがドイツ最大の12.8センチ砲搭載の重駆逐戦車ヤークトティーガーで写真は最初のモックアップである。

重駆逐戦車ヤークトティーガーの試作車両は２種あった。この写真は車両製造番号35001で８輪型ポルシェ・トーションバー懸架車台を用い戦闘室は炭素含有量の少ない軟鉄製だった。なお、もう１種はティーガーⅡのヘンシェル車台である。

10両製造されたポルシェ・サスペンションのヤークトティーガーであるが次に掲載した写真と比較すると８転輪タイプの転輪の形状など大きく異なっているのがよくわかる。

1944年5月、クンマースドルフ実験場におけるヘンシェル・サスペンション型試作車ヤークトティーガー305002号車であるが巨大な12.8センチ戦車砲(PaK44)と分厚いザウコプフ（豚鼻）主砲防盾が印象的である。

クンマースドルフ陸軍実験センターにおけるヘンシェル・サスペンションの重駆逐戦車ヤークトティーガーであるが予備履帯、牽引具などのツール類も完備している。右奥にはポルシェ砲塔のティーガーⅡも見られる。

1945年4月のドイツ敗戦直前にルール工業地帯で最後の防衛戦を行なったのは第512重駆逐戦車大隊である。これはゼンネラーガーにて米軍に捕獲された同大隊の車両で車体番号が305004の〝ヤークトティーガー〟である。

アルケット社の技術者カール・ゲンズブルガー(中央手前)の手で工場内試走を行なう188トンの超重戦車マウスだが比較的良好な走行性を見せた。42年6月にP・ポルシェ博士の超重戦車提案とヒトラーの巨大兵器嗜好が合致して開発された超重戦車だった。

量産は中止されたが43年末にベブリンゲンで試験走行を行なったマウスの後方からのショットで砲塔装甲は前方240ミリ厚で後、側部は200ミリ厚である。全長7メートルもあったがハイブリッド走行方式の電気モーターが車体の3分の1を占め内部は窮屈だった。

既述のマウスと並行して開発された140トン戦車E100である。超重戦車計画は44年に中止されたがヘンシェル社のパーダーボーン付近の小工場で細々と作業が続行され車台のみが走行実験を行なった。写真は英軍が捕獲して英国へ送られるE100である。

斜め後方から撮影されたE100超重戦車であるが側面装甲厚は200ミリあり懸架装置は静的・動的に軸沿いに荷重をかけられるベルビル・ワッシャー・タイプが用いられ全装置は車台の外側に設けられていた。また、戦闘用履帯を外して貨車輸送も考えられていた。

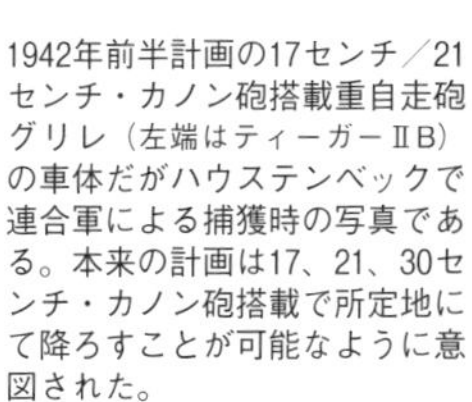

1942年前半計画の17センチ／21センチ・カノン砲搭載重自走砲グリレ（左端はティーガーⅡB）の車体だがハウステンベックで連合軍による捕獲時の写真である。本来の計画は17、21、30センチ・カノン砲搭載で所定地にて降ろすことが可能なように意図された。

上部オープン・トップ戦闘室は解体されて英国へ輸送を待つクルップ社製試作重自走砲グリレだが側面写真により懸架装置がティーガーⅡベースであることがわかる。17センチか21センチ砲搭載で重量は60トンで1945年中旬から生産の予定だった。

Ⅵ号戦車ティーガーⅠEと派生型／Ⅵ号戦車ティーガーⅡBと派生型／超重戦車マウス／E100

ティーガー戦車はポルシェ社とヘンシェル社の競作過程が少し複雑なので先に流れを整理しておきたい。

◎ヘンシェル社のティーガー戦車開発

一九三八年のDWⅠ（突破戦車）（ドゥルヒブルフワーゲンⅠ）➡一九三九年のDWⅡ➡一九三九年のVK3001（H）➡一九四一年のVK3601（H）➡一九四一年のVK4501（H）がティーガーⅠ重戦車となる。

◎ポルシェ社のティーガー戦車開発

一九三九年のVK3001（P）➡一九四一年のVK4501（P）は競作に敗れるが先行生産九六両が重駆逐戦車フェルディナンド／エレファントとなった。

（注＝VKはフェアーズーフカンプファールツォイクで試作車両を示す）

一九三七年にヘンシェル社はⅣ号戦車の後継として装甲五〇ミリで五個転輪とトーションバー懸架方式の三〇～三三トン型DWⅠ重戦車を開発して三九年まで実験が続けられた。三八年に改良型のDWⅡが続きマイバッハHL120エンジンと八速変速機搭載で時速は三五キロに向上して四一年まで実験が続行された。これに続く兵器局の発展計画がVK3001でヘンシェル、ポルシェ、マン、ダイムラー・ベンツの各社が競作した。三八年秋からヘンシェル社はDWⅡベースで三三トンのVK3001（H）試作型を四〇年初期に開発した。七個の複列転輪と三個のリターンローラーを配し武装は短砲身七・五センチ砲と機銃二挺搭載で四一年までに四両製造だが重量過多で同年五月に中止された。他方、ヒトラーは三〇年代前半の仏シャールB重戦車や英マチルダ歩兵戦車に影響され、ロシア侵攻直前の四一年五月二六日の会議で重戦車を装甲師団の中核とするように命じていた。

同じころ、陸軍兵器局は距離一五〇〇メートルで一〇〇ミリ装甲板を貫徹可能な砲を搭載し、同条件で敵の攻撃に耐える防御力を有する戦車に、優れた性能と汎用性を有する八・八センチ対空砲36を戦車砲化して搭載すべく、ヘンシェル社でVK3001（H）をベースとしたVK3601（H）が四一年七月に一両試作された。一方で砲身が砲口へ向け絞られて高初速が得られる兵器（ゲレト）0725口径漸減砲搭載も計画されたがタングステン弾用資材不足もあり中止された。

同年六月下旬にドイツ軍はロシア侵攻戦でソビエトの新鋭戦車T34とKV1重戦車に遭遇して、主力のⅢ号とⅣ号戦車は一気に旧式化してしまった。戦場へ派遣された戦車委員会の調査分析結果として後に対抗馬パンター戦車が開発されるが、まずは緊急にドイツ戦車の優位性の確立が求められた。ここで、ヘンシェル社とポルシェ社に四二年四月のヒトラー誕生日までに重戦車の試作車供覧が求められた。ヘンシェル社は重量増で車台幅拡充、幅広履帯の採用、転輪増加、地上接地圧改善などによるVK4501（H）を開発した。とくに、七二・五センチ幅の戦闘用履帯は鉄道輸送平貨車の積載基準をはみ出し、解決策として五二センチの狭幅輸送用履帯が別に準備された。

クルップ社はポルシェ社用砲塔も製作し、ヘンシェル社のVK3601（H）の車台に搭載することになり、本来の砲塔環直径一六五センチは一八五センチに拡大修正された。一方、ポルシェ社のＶＫ４５０１（Ｐ）は八・八センチ砲搭載の四五トン戦車である。開発中止されたＶＫ３００１（Ｐ）のガソリン／電動駆動ハイブリッド方式を継承するが、空冷エンジンの故障多発、電動変速機の油圧変速機への変更などで苦慮するも、ヒトラー供覧時の性能上の差異は小さかった。しかし、陸軍兵器局はポルシェ社のハイブリッド方式より信頼性のある従来型動力方式を選択し、Ⅵ号重戦車ティーガーとして採用した。他方、ポルシェ博士とヒトラーの特別な関係により、すでに九〇両のポルシェ・タイプ車が発注されて砲塔のない試作車三両は後述の重戦車回収車となり、先行生産九〇両の車台は重駆逐戦車フェルディナンド（のち、エレファント）へ転換された。

Ⅵ号戦車ティーガーⅠE

ドイツ戦車の伝統的構造を有するヘンシエル社のＶＫ４５０１（Ｈ）は明らかにポルシェ車より量産向きであり、すでに六〇両の生産計画を立てるとともに一三〇〇両の量産準備も進めていた。ヒトラーは即刻生産を命じ四二年八月からカッセルのヘンシェル社ミッテルフェルト工場で毎月一二両の量産が開始されたがヒトラーは満足せず、同年一一月までに月産二五両に増加された。結局、四四年八月までに一三五五両が完成したが最大生産月は四四年四月で一〇四両に達した。戦車名のティーガー（虎）はすでにポルシェ試作車で用いられていたが、四四年二月二七日以降、ヒトラー命令で公式にⅥ号戦車ティーガーⅠEと称された。本書では便宜上ティーガーⅠEとティーガーⅡBと表記した。

ティーガーⅠE戦車は優れた技術と品質により当時世界最強の戦車であり、生産一両に三〇万マンパワー（工時＝M4は一万マンパワー）が投じられた。重量は五六トンあるが前進八速の自動変速機と斬新な操縦装置により運転は容易だったが、重量とサイズにより道路橋通過に無理があり、深度四メートル渡渉を可能とした。全ハッチと吸排気口は水密化され空気膨張ゴムで砲塔環周囲を密閉し、後部エンジン・デッキ上に外気吸入用のシュノーケル筒が立てられ、流入空気はエンジン室と戦闘区画へ供給した。水で満たされラジエター（放熱）区画でエンジンを冷却し浸透水はビルジポンプで排出した。しかし、この高価な渡河装置の使用頻度は低く生産四九五両以降は装備されなくなった。よく訓練された乗員が運用するティーガー戦車は戦場で威力を発揮したが水準以下で適切な保守管理のない場合は効果的運用ができなかった。転輪と履帯交換は扱い難く短い航続力と高い燃費、および手動旋回装置付きの油圧式砲塔は低回転速度が欠点だった。

陸軍は強力なティーガー戦車戦力を充分に揃えて四三年春の攻勢作戦への投入を意図したが、ヒトラーは即刻出撃を要求した。かくて、少数のティーガーⅠ戦車が東部戦線レニングラード戦で用いられたが森林と沼沢地のために充分に機動せず、しかも、新兵器の存在をソビエト軍に察知された。ティーガー戦車は国防軍最高司令部（ＯＫＷ）の命令で独立重戦車大隊を編成して軍、軍団直轄として運用することになった。生産増加により装甲師団にも重戦車大隊が編成される予定だったが、ごく一部のティーガー重戦車大隊（あるいは重戦車中隊）が精鋭師団か武装親衛隊（ＳＳ）装甲師団の一部に配属されただけだった。

最も強力な八・八センチ戦車砲搭載の強

力な重戦車だったが、大重量と低速度により装甲師団の先鋒突破戦に使用されず、戦況により強装甲と強靭性により防御的役割で運用された。また、生産中の戦訓、合理化、資材、コスト面から多くの改修と改善が行なわれた。北アフリカの砂塵とロシアの戦場の塵埃はエンジンの大敵であり戦車後部の排気管と接続する左右二個の大型空気清浄装置ファイフェルが設置されたが四四年初期から中止された。　初期砲塔には二カ所のピストル・ポートと装填手用ペリスコープがあったが後に撤去され、脱出口がなかったが後に砲塔左後部にハッチが設けられた。危険な歩兵の攻撃に対抗する近接兵器のＳミネは五発装填の対人地雷の一種だが、のちに三六〇度回転の後装型煙弾／対人榴弾発射器（ナー・フェアタイディグンクス・ヴァッフェ）に変更された。一九四四年初期生産の主要な変化は次のティーガーⅡＢと後から開発されたパンター戦車との部品の共通化だった。筒型車長キューポラと視察口はティーガーⅡＢの七個ペリスコープ型に替えられてゴム付転輪から金属転輪が採用された。最初の二五〇両はマイバッハＨＬ２１０ガソリン・エンジンで六四二馬力だったが、それ以降の生産車は馬力向上型のマイバッハＨＬ２３０六九五馬力を装備した。これは、ティーガーⅡＢとパンター戦車Ｇ型で用いられたものである。

ティーガー指揮戦車

八九両製造されたティーガー指揮戦車の外観は増設された星型無線アンテナ以外は標準型と変わらない。二種ありＳｄｋｆｚ・２６７は一〇ワット送信機のＦｕＧ５と二〇ワット送信／短波受信機を搭載し、Ｓｄｋｆｚ・２５８の方はＦｕＧ５とＦｕＧ７二〇ワット送信／極超短波無線機搭載の違いである。

ティーガー戦車回収車（ベルゲパンツァー・ティーガー）

ティーガー戦車回収車は一両あるいは少数転換で現地での改造と推定されている。武装撤去と主砲防盾部を閉鎖して砲塔を六時方向に固定し、後部ウィンチ搭載で前部に牽引用ワイヤー・ロープとガイド装置を備えていた。

ティーガー（Ｐ）重戦車

ティーガーⅠ戦車の競作で不採用だったポルシェ社のポルシェ・タイプ１０１、つまり、ＶＫ４５０１（Ｐ）に、ティーガー戦車の八・八センチ砲装備砲塔を搭載して四二年中にニーベルンゲンヴェルケで五両製造されたのがティーガー（Ｐ）重戦車だが、電動機と懸架装置の技術的問題から中止されて訓練と実験に供された。

戦車回収車ベルゲパンツァー・ティーガー（Ｐ）

前述のティーガー（Ｐ）重戦車（五両）から重戦車回収車に再度転換された車両で、エンジンを車台中央に移して新構造物を後部に設け、小型デリック・クレーンが設置され第五〇一重戦車大隊で使用された。

重駆逐戦車フェルディナンド／エレファント

重量六五トンの重駆逐戦車の源流は一九四〇～四一年に開発されたポルシェ・タイプ１００（ＶＫ３００１（Ｐ））である。一〇気筒ガソリン・エンジンで発電機を駆動し電動モーターで走行する当時としては特異なハイブリッド型車両で二両が製造された。他方、不採用となったポルシェ社Ｖ

Ｋ４５０１（Ｐ）はすでに車台九〇両がニーベルンゲンヴェルケで先行生産されていた。ヒトラーは四二年九月に多くの資材と労力を投入して開発された車台を利用すべく、最強の七一口径八・八センチ戦車砲を箱型装甲戦闘室に搭載し、前面最大装甲二〇〇ミリの重駆逐戦車の製造を命じた。このドイツ最大の装甲戦闘車両は設計者ポルシェ博士の名に因みフェルディナンド（四四年二月にヒトラーによりエレファント〈象〉と命名された）と呼ばれた。

アルケット社設計でガソリン・エンジンと電動駆動のハイブリッド方式は踏襲されたが、故障の多いポルシェ・タイプ空冷エンジンに代えて二基のマイバッハＨＬ１２０エンジンに交換した。最大時速三〇キロと表示されるが実際は一五～二〇キロ程度だったとされる。クルップ社での完成車はニーベルンゲンヴェルケ社を経てアルケット社へ送られて試験された。初期計画はニーベルンゲンヴェルケで車台生産、アルケット社で戦闘室生産だったが四三年二月にニーベルンゲンヴェルケでの全生産に変更された。かくて、四三年四月に八九両の重駆逐戦車フェルディナンドの生産が始まり五月に終了すると、第六一四と六五三重駆逐戦車大隊が編成されて七月のロシア戦線の城塞（ツィタデル）作戦（クルスク会戦）に投入されたが、対歩兵用の前面機銃装備がなく、また、歩兵の支援を欠いたために損害を重ねた。

残存車両中四八両のフェルディナンドは四三年一二月にニーベルンゲンヴェルケへ送られて再組立が行なわれた。クルスク会戦での欠陥だった無機銃問題は車体右前部に装備して解決し、車長ハッチに代わってキューポラが装備されて視界も改善した。最終的に歩兵の対戦車吸着爆雷対策としてツィンマーリット耐磁塗料が車体全体に塗布された。改修車は四四年三月末に準備が整い六五三重駆逐戦車大隊に装備されてイタリア戦線へ緊急に送られたが、本車の主戦場は四三年夏から四四年半ばまでのロシア戦線だった。

突撃臼砲シュトゥルム・ティーガー
（あるいは、シュトゥルムパンツァーⅥ／シュトゥルムメルツァー）

一九四三年一〇月に市街戦を意図してブランデンブルガー・アイゼンベルケ社で箱型装甲戦闘室が製造されてティーガーⅠ戦車の車台上に搭載し、アルケット社で三八センチＲＷ61ロケット砲を装備した六五トン重自走砲の試作型が完成した。一般にティーガー・メルツァー（臼砲）やシュトゥルム・メルツァー（突撃臼砲）などと称され、四四年八月から一二月にかけて一八両が通常のティーガー戦車から転換された。特殊なＲＷ61ロケット砲は海軍で開発されたもので砲弾をロケット推進で発射するが射程は四六〇〇メートルである。ずんぐりした短砲身はマイナス七度からプラス二〇度の浅い射角であり、砲身内側の周囲に外向きに設けられた多数孔から発射時のロケット推進ガスを排出した。四四年末期に１００１、１００２、１００３突撃臼砲中隊が編成されてドイツ本土防衛戦に投入された。

ラム・ティーガー（Ｐ）

スターリングラードの市街戦からヒトラーが考えたアイデアでポルシェ博士が木型模型を製作した。ポルシェ・ティーガーのシャシーに亀甲タイプの装甲車体を乗せて市街戦で建造物を破壊する意図を有したが計画のみに終わった。このほかにティーガー車台にドーザー・ブレードを取り付けて道路上の障害物を撤去する車両、四二センチ迫撃砲搭載車両、二四センチ・ラインメタルK14重砲搭載車両などが検討されたがいずれもペーパープランだった。

Ⅵ号戦車ティーガーⅡB

一九四二年八月にヒトラーはティーガーⅠの主砲よりさらに長砲身で威力を増した七一口径八・八センチ砲を搭載し、前面装甲一五〇ミリの新ティーガー戦車を四三年一月に実現するよう要求した。兵器局はヘンシェル社と新重戦車の設計を議論し、四三年二月にヘンシェル社とマン社に、パンター戦車と互換性のある新戦車開発を正式に要請した。この車両はVK4502と称されてポルシェ社へも設計提出を求めたがVK4502（P＝ポルシェ・タイプ180）は実現しなかった。前方砲塔搭載と後方砲塔搭載の二種設計があり全体にコンパクトでパンター戦車のような傾斜装甲を有していた。設計は斬新でポルシェ独得のハイブリッド方式でガソリンと電動駆動だが銅不足もあって採用されず結果的に一般的な駆動方式が選択された。懸架装置は二個二組の転輪とトーションバー方式で砲塔設計はウェグマン社である。主砲は七一口径八・八センチ戦車砲で五〇基の砲塔がすでに製造されていたが、これは、採用された通常駆動方式のヘンシェル社車両に搭載されてポルシェ砲塔型と呼ばれた。ヘンシェル社のVK4503（H）は同社設計のティーガーⅠEの発展型で陸軍に採用され最優先生産が命じられた。傾斜装甲と大型砲塔に長砲身七一口径八・八センチ戦車砲を搭載したが、全面的な再設計と開発中だったパンターⅡとの部品標準化で予定より三カ月も遅れて一二月からカッセルのヘンシェル工場で生産が開始された。ティーガーⅡの最初の生産車は四四年二月に完成し、五〇両は曲面多用の既述のポルシェ砲塔搭載である。それ以外のティーガーⅡは量産向き直線構造のクルップ社砲塔を搭載してヘンシェル砲塔型となった。ティーガーⅡは外観的にパンター戦車に似ていたが連合国はティーガー重戦車系列としてキング・タイガー、あるいはローヤル・タイガーなどと称し、戦後にドイツでもケーニヒス・ティーガー（王虎）とも表記された。

エンジンとカバー、車長用キューポラはティーガーⅠ後期型とパンター戦車後期型と同様で、金属製無音転輪は最後期のパンター戦車G型と同じである。重量六八トン、車体前面装甲一五〇ミリで前のティーガーⅠEより大きく重くなった。七一口径八・八センチ砲を搭載し、砲基部は前面露出面積が最小限の円筒形ザウコプフ（豚鼻）型防盾である。前面右方に無線／機銃手用の球形装甲機銃架を備え皿型大型転輪が重なり合う走行機構だった。しかし、この乗り心地が良好な転輪配列はティーガー、パンターと同様に転輪の交換が厄介で、泥土、氷などが詰まる問題があった。

一九四四年秋の戦車生産合理化によりパンター戦車G型（またはパンターⅡ）とティーガーⅡの二種の戦車が検討された結果、主力生産はパンター戦車となった。ティーガーⅡは月産一〇〇両と計画され、直ぐに一四五両に増加されたが爆撃でドイツ産業は甚大な損害を被り、最大生産月は四四年八月の八四両で四五年三月は二五両だった。ティーガーⅡの最初の戦闘は四四年五月の東部戦線で西部戦線登場は四四年八月である。重量六八トンの重戦車は扱い難く戦術上でも限界があり、加えてエンジンの短寿命と信頼性の薄い変速機は欠点だったが、この時期のドイツ戦車は防御戦闘が主であり重大な問題にならなかった。結果論として、多くの問題の原因は充分な試験がなされずに実用化された点にあったとヘンシェル社の技術者がのちに述べている。

ティーガーII指揮戦車

ティーガーII指揮戦車は少数で任務上異なる無線機器搭載による増設アンテナが外観識別点だった。

駆逐戦車ヤークト・ティーガー

一九四三年初期にティーガーIIの車台に箱型戦闘室と強力な一二・八センチ砲を搭載した駆逐戦車化が決定されたが開発は遅れた。四四年四月に二両の試作車が完成するが一両はポルシェ設計の懸架装置だったが不満足とされ、再設計で車体を延長してティーガーIIと同じトーションバー懸架装置となった。後者が当初一五〇両発注されたが混乱の中での紆余曲折の末にニーベルンゲンベルケで四四年七月から四五年三月までに七七両が完成した。重量は七〇トンで二次大戦最大の戦闘車両だった。正面装甲は一五〇から二五〇ミリあり、主砲は強力な五五口径一二・八センチ対戦車砲を搭載した。なお、ティーガーIIの八・八センチ主砲を搭載する案もあったが生産されなかった。ヤークト・ティーガーは第六五三駆逐戦車大隊と五一二重駆逐戦車大隊に配備されてドイツ本土防衛戦に投入された。

超重戦車マウス

一九四二年六月八日に巨大兵器好きのヒトラーから口頭で直接に開発契約がポルシェ博士に伝えられたために正式な発注記録はないとされる。四三年一月四日にモックアップがヒトラーに供覧されたが、主砲とエンジン改修などで実車は四三年八月一日にアルケット社で製作が開始された。同年一二月二三日にダミー砲塔搭載車の走行試験が行なわれ、以降、ベブリンゲンで四四年五月まで続行されて六月九日にクルップ社から砲塔を受領して組み立てられた。二両目の試作車も同時期に完成したが開発中止で一〇両用資材のうち数両分の車体と砲塔はメッペンへ移された。

マウスの設計はポルシェ社が主導し、電気機材はジーメンス・シュッケルト社でダイムラー・ベンツ社はエンジンを担当し、車体、砲塔、主砲はクルップ社、履帯はアルトマルキッシュ・ケッテンファブリク社で、総組み立てはアルケット社で行なわれた。技術的に電動駆動やトーションバー・サスペンションなどポルシェ社の過去の特殊設計が合体されたが、ヒトラーの重武装、重装甲要求の実現で重量はじつに一八八トンとなった。

エンジンと電気モーターによるハイブリッド方式だが路上走行は電動モーター駆動で時速二〇キロが予定された。他方、ダイムラー・ベンツの航空機用ＭＢ６０３Ｖ12エンジンから改良された、一号車のガソリン・エンジンは一〇八〇馬力のＭＢ５０９で、二号車はディーゼル・エンジンのＭＢ５０７である。ほかに、八馬力二気筒の補助エンジンは走行中の冷却ファンとヒーター用とバッテリー充電用に用いた。前方に正副ドライバーが座り、車体は大きかったが弾薬、燃料タンク、エンジン、発電機、電動モーター、変速器などが詰まり意外に狭かった。砲塔重量五〇トンで前面装甲二四〇ミリ、車体前面装甲も二〇〇ミリで側/後面は一八〇ミリの一枚鋼板である。重量過多で橋梁通過が出来ず砲塔部はゴム水密シーリングで深度九メートルまでの渡河が可能だった。空気の吸排気は二本の筒で行なったが問題があり最終的に単気筒となった。ただし、渡渉中の電動モーター作動は地上車両の発電機からケーブルで通電した。

主武装は五五口径一二・八センチ戦車砲と副砲三六・五口径七・五センチ砲搭載だが、のちにより強力な三八口径一五センチ戦車砲装備が計画された。また、主砲の上下動防止ショックアブソーバーも設置され、同軸機銃、対空機銃、擲弾発射機は砲塔天井部に装着された。砲塔は電動駆動で三六〇度を一六秒で一旋回するが、照準用測距儀は地上高二二〇センチの位置に装備された。

転輪はティーガーⅡで使用するゴムを挟むスチール製で履帯幅は一一〇センチだが作動は円滑ではなかった。厚い装甲だったが成形作薬弾には脆弱で大重量で機動性も低く出力比は一トンあたり六・五馬力で接地圧は非常に高かった。技術的にも問題があり電動駆動方式は超重量車の履帯と変速機問題を解決する一方策だったが機動性を欠いた。ポルシェ博士のマウスは「マウスは戦車ではなく動くトーチカ」だとヒトラーを喜ばせた。だが、のちの連合軍の調査書には多数の技術者と膨大な経費と貴重な資材の浪費によるモンスター兵器は、実用面から戦術的価値を見出すことはできないと述べている。

クルップ・マウス

陸軍兵器局はポルシェ・マウスに対抗すべくVK7001(K)(レーベ=ライオンあるいはティーガー・マウス=虎鼠)をクルップ社と開発契約を行なった。ティーガーⅡがベースで一般的な履帯懸架装置を有して鋭角傾斜の前面装甲板と車体上後方にセットバックされた小型砲塔を持つ車両だった。

また、一一〇トン、一三〇トン、一五〇トン、一七〇トンなどクルップ・マウスとして知られる多数の超重戦車研究も行なわれた。これらの車両に三〇・五センチ榴弾砲を搭載する案や、一五〇〇トン車両(!)に八〇センチ砲一門と一五センチ砲二門搭載案は、四五度傾斜の前面装甲二五〇ミリで四基のUボート(潜水艦)用ディーゼル・エンジン搭載予定だった。しかし、これらは設計局でのペーパープランに終わった。

E100(Eシリーズ)

一九四三年中旬に陸軍兵器局はドイツ自動車工業の戦闘車両生産能力強化策により、車両の標準化(共通)で多種の任務に対応すべく全く新たなEシリーズという戦闘車両系列の開発計画を策定した。開発契約はクロックナー・フンボルト・ドイツ社およびマギラス社などと交わされ以下のような型が計画された。

E5=五トン級の軽装甲兵員車、小型戦車、指揮戦車あるいは偵察戦車。

E10=一〇トン級の装甲兵員車、軽駆逐戦車または武器運搬車。

E25=二五トン級の偵察戦車、中型駆逐戦車または重武器運搬車でポルシェ設計車のマギラス社生産。この車両はPzkpfw・25としてアルグス・ベルケで設計されアルケット社で五両試作中にドイツ敗戦となったが、駆逐戦車ヘッツァーと同様七〇口径七・五センチ砲を搭載予定だったともいわれる。

E50=五〇トンから六〇トン級の戦闘車

両だが最終的にパンター戦車に代えられた。

Ｅ95＝七五トンから八五トン級でティーガー重戦車に代わるもので開発はアドラー社だった。Ｅ50とＥ75は装甲強化で一二〇〇馬力マイバッハＨ２３４エンジンとマクルード機械式油圧二段クラッチ走行ギアを装備予定だった。

Ｅ１００＝一四〇トン級のアドラー社開発の超重戦車だがヘンシェル社製造で計画が進められ、砲塔のない試作車両がヘンシェル社の実験場ハウステンベックで連合軍に捕獲された。Ｅ１００は設計重量一四〇トンで一五センチ砲と副砲七・五センチ砲が予定された。マイバッハＨＬ２３０Ｐ30Ｖ12エンジンで七〇〇馬力（一トンあたり五馬力）を発生した。のちに九〇〇馬力のＨＬ２３４でボッシュ燃料噴射システムに変えられた。この過給機付きエンジンは一一〇〇から一二〇〇馬力が期待され、一〇〇センチ幅の履帯で一トンあたりの重量比は八・五馬力に改善されたが地上接地圧は一平方センチ当たり一・四キログラムと高かった。また、前面装甲は傾斜角三〇度で二〇〇ミリ、側面は一二〇ミリでポルシェ・マウス超重戦車より薄かった。

1943年夏に行なわれた有名なクルスク戦（ツィタデル）時ベルゴロド付近における第505重戦車大隊のティーガーⅠで北翼攻撃を行なった４装甲師団35戦車連隊所属の車両群である。同大隊は東部戦線を主戦場として900両以上の戦果を挙げたといわれる。

1944年後半、ポーランドのラドム方面にて8.8センチ砲を後方へ向けＳｄｋｆｚ.９＝18トン重牽引車で修理所へ運ばれるヘンシェル砲塔のティーガーⅡで第501重戦車大隊２中隊車（223号車）である。

その他の装軌戦闘車両
(Other Armoured Fighting Vehicles)

航空機優勢の二次大戦で古典的な要塞攻撃用の60センチ超臼砲が活動したのは特異な例である。1944年８月にポーランドの対独武装蜂起の鎮圧出動でワルシャワ市街に巨弾を発射する638砲兵大隊所属の60センチ砲搭載６号砲〝ツィウ〟で非常に効果的だったと記録される。

上）1937年中頃、フランスのマジノ要塞破壊目的で開発が始まりラインメタル・ボルジク社で40年春に１号砲アダムが完成した。1、2号砲の転輪は８個タイプで３～６号砲の11個タイプと大きく異なっているのに留意されたい。下）本シリーズは42年夏以降、陸軍兵器局長で弾道学権威のカール・H・E・ベッカー将軍（のち砲兵大将）にちなんでカール砲と称された。同年11月から翌41年夏までに合計６門（７門目未完成）が製造された。

1941年２月にヒトラー命令でカール砲の射程を延伸すべく口径54センチ長砲身型が開発され既存の１号、３号、４号、５号、７号（予定）砲に搭載されてゲレト（兵器）041と称された。写真は３号砲の〝トール〟である

砲尾に〝Ⅵ〟(6号砲＝ツィウ)の文字が見えるのに注意。砲身を水平にして薬室へトレー上の砲弾を装填中で射程は装薬の増減で調整するが中央はラマー(装填棒)である。

1944年夏にワルシャワ近郊で砲弾装填中の短砲身6号砲ツィウ。砲弾は2種あり重弾は2.17トン、軽弾は1.7トンで射程は2800〜4300メートルだった。実戦出動は東部戦線セバストポリ要塞砲撃とワルシャワ市街攻撃が知られる。

1942末にクルップ社で近代的な8.8センチ砲搭載重対空戦車が開発されて3両試作だったが中止された。本車には2種あって写真は性能向上型の75口径8.8センチ砲(FlaK41)搭載車両である。

左）8.8センチ砲（FlaK41）搭載重対空戦車の車台はⅣ号戦車ベースだが複合転輪など多くが近代化されていた。装甲板が左右と後方へ開き射界360度と広い戦闘スペースが得られるが戦闘員は無防備だった。右）同じ車体だが旧型の56口径8.8センチ砲（FlaK37）を搭載し、短い砲身と砲の防盾部が異なっているのがわかる。

1944年にクルップ社が開発した重地雷処理車（クルップ・ラウマーS）の試作車で米軍捕獲時の撮影である。前方配置の直径2.7メートルの大口径鋼鉄車輪の踏圧で地雷を爆破するが自重130トンもあり360馬力のマイバッハHL90エンジンを使用した。

1942年にアルケット社開発のVskfz（試作）617-NK101ミネラウマー（地雷処理車）だが大重量のため計画は中止された。本来、上部にⅡ号戦車の車体前部とその上にⅠ号戦車の銃塔が搭載された。小旋回半径が得られる小型後部車輪に留意。ソビエト軍の捕獲車両。

上）ドイツ軍は地雷原開鑿目的で小型の有線遠隔操縦式の爆薬運搬車を開発し、1939年にボルグワード社で50両製造されたのがＢⅠとＢⅡ爆薬運搬車だが、ＢⅠは陸上型でＢⅡは試作のみの水陸両用タイプだった。下）陸軍実験場クンマースドルフで撮影されたムービー・フィルムからの一齣で少し不鮮明だが珍しい車種が写っている。右端はボルグワードＢⅠ爆薬運搬車、中央は水陸両用型のＢⅡ、左端はⅠ号指揮戦車である。

1940年以降、ボルグワード社とツェンダップ社開発の有線遠隔操縦爆薬運搬車ゴリアテは電動のEモーターとガソリンのVモーターの２種があった。写真はツェンダップ703cc12.5馬力オートバイ・エンジン搭載のＶモーターで4929両が生産された。

左）爆薬60キロを積載する電動駆動式のE-モーター（別名ゴリアテ）で2635両あまりが生産された。写真は英軍が捕獲した車両で脇に立つ英兵が手に持つのは有線式の操縦コントローラーである。右）1944年８月にポーランドで起こった対独蜂起の鎮圧作戦中のVモーター・ゴリアテで「a」型は爆薬75キロで「b」型は100キロ搭載だった。幾つかの欠点により実戦ではあまり使用されずドイツ敗戦時に在庫約4000両が残った。

ロシア戦線でVモーター〝ゴリアテ〟の後方で有線操縦コントローラーを操作する兵士が見えるが繰り出しケーブル長は800メートルだった。また、左端はⅣ号戦車で右方は１個分隊を運ぶSdkfz.251中型装甲兵員車である。

ボルグワードBⅣA型爆薬運搬車でドイツにて訓練中の一齣だがゴリアテよりずっと進化した無線遠隔操縦型（有人乗車操縦も可能）だった。311、312、313、314無線操縦中隊と301、302無線操縦戦車大隊に配備されて実戦でも有効だった。

ボルグワード社で有線遠隔操縦から無線操縦方式に発展させた地雷処理爆薬運搬車BⅣでA、B、C型があり合計1291両生産である。写真はB型から導入されたゴムなし全鋼製履帯のC型（305両生産）である。

ボルグワード社の500キロ爆薬箱を前方に搭載した重量3.6トンのBⅣA型（左側）と爆薬43キロのVモーター・ゴリアテ（右側でガソリン・エンジン駆動）だがサイズの違いがよくわかる。

1935年～40年にラインメタル社とアルケット社で開発した水陸両用輸送（牽引）車でLWS（ラントワッサーシュレッパー）と呼ばれ、最初の３両は英国上陸〝あざらし作戦〟に参加予定だった。40年に試験中のカットで先端部に陸軍兵器局５課とLWS３（試作３号車）の記号が見られる。

後方から前方を見たLWS水陸両用車の車内で突き当たりに乗員席が見られ、中央の大型煙突状の装置はディーゼル・エンジンの排気筒で車外の頂部に突出していた。

LWSは40年７月までに７両と41年までに14両の計26両が製造された。元来、河川や湖用水陸両用車で車内に兵員20名を輸送した。後方にカスボーラーと称される10～20トンの貨物搭載の水陸両用トレーラーを牽引した。

LWSは船舶形状で後部に推進器を備え２枚の舵が見える。300馬力マイバッハ120エンジン搭載で速度は水上12～12.5キロで陸上35～40キロであり湿地帯や砂浜などは履帯で走破した。

ロシア戦線での苦い泥濘経験からシュタイヤー・ダイムラー・プッチ社で開発生産された比較的小型のRSO牽引試作1号車の珍しい写真。前席手前はA・シュペア軍需相、その向こうはオスカー・ハツヤー博士、後席右から3番目は戦車委員会委員長のF・ポルシェ博士。

ロシア戦線で3.7センチ対戦車砲（PaK35/36）を牽引するシュタイヤーRSO／1牽引車で非常に有効だった。懸架装置はトーションバー方式で雪道用履帯幅は60センチだが通常路上走行は34センチ幅を用いた。

RSO／1の有効性から1944年にマギラス社で簡易型を量産化したRSO／3牽引車である。4気筒ドイツ社ディーゼル・エンジン搭載で量産向きの角形鋼板パネル構造の採用と運転席をふくめて開口部覆いにカンバス製幌が用いられた。

1944年後半にドイツ最強の8.8センチ対戦車砲（PaK43）を牽引して樹間で待機するマギラスRSO／3牽引車の乗員によるプライベート写真である。この車両は二次大戦後に民需用の森林トラクターRS1500としてしばらくの間、生産が続行された。

左）大戦末期の戦闘車両不足により44年に7.5センチ砲対戦車砲（PaK40）の砲機構をRSO/1の車台に搭載して83両を戦車駆逐自走砲（パンツァーイェーガー）に転換した。写真はシュタイヤー社における試作1号車である。右）同じ試作1号車で車体前方部に5ミリ厚装甲板を設置して側面に可倒式木製板を有し、戦闘時に左右に広げてスペースを確保した。RSO駆逐自走砲は窮余の一策的兵器で実戦評価に用いられたが活動記録は見られない。

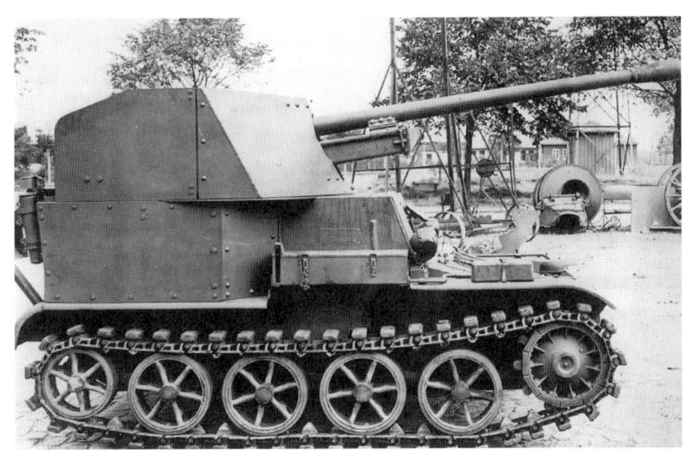

同じボルグワード社の爆薬運搬車に5センチ対戦車砲（PaK38）を搭載した軽駆逐自走砲で小型車両なために砲の発射の反動を後部に装備した3本の支柱で受ける方式だったが試作のみに終わった。

ボルグワード社の爆薬運搬車（VK302）は1941年〜42年に28両製造されて20両が部隊へ引き渡された。車台上にオープントップ戦闘室を設けて10.5センチLG無反動砲を搭載した車両のモックアップである。

戦場は装甲戦闘車両が主役だが地味に活動する支援車両も重要な働きをした。そうしたひとつがオートバイ企業のNSU社で開発され1941年から使用されたユニークなケッテンクラート（Kfz. 2）であるが火砲牽引や弾薬運搬などで広範囲に活動した。

1943年に北アフリカ・チュニジア戦線の空軍降下猟兵部隊が使用する野戦炊事車（50〜120名程度用）を牽引するケッテンクラートだが本車の高い汎用性が充分に理解できる。

ケッテンクラート派生型のKfz. 2 / 2で通信用ケーブル敷設車だが車体中央エンジン部の上に電話ケーブルリールを搭載して後方へ繰り出している。性能も良く22リットル燃料で路上は100キロ走行（42リットル搭載で路上260キロ走行）が可能だった。

中型爆薬運搬車シュプリンガー（跳躍）は従来のゴリアテやBⅣ爆薬運搬車に代わる新型でNSU社の3輪牽引車ケッテンクラートの部品を多用して爆薬33キロ搭載の安価な車両で44年末から45年1月までに約50両が製造された。

オーストリアのアストロ・ダイムラー社で1935年〜38年に同国陸軍用に334両が生産されたADMK装輪／装軌車で路上と不整地を走行できる偵察車両だった。オーストリアのドイツ併合によりドイツ陸軍の初期装備として用いられた。

1938年にドイツ陸軍がオーストリアのザウラー社に偵察用として開発させたザウラーRK 9 装甲装輪／装軌車で最大時速は路上80キロで不整地は履帯使用で30キロだった。無砲塔と有砲塔型があり15両の製造予定は状況変化により中止された。

北アフリカ戦線リビヤ砂漠で英軍に捕獲された第15装甲師団のザウラーRR-7／2で装甲砲兵大隊の砲兵観測車として用いられた。通信機数種を搭載して車上にフレームアンテナと棒状アンテナが見られるがポーランド戦と初期ロシア戦でも運用された。

その他の装甲戦闘車両

六〇センチ自走臼砲カール

一九三七年六月にフランスのマジノ要塞攻略用に兵器局はラインメタル社に古典的攻城砲を発注した。重量一二四トンの世界最大の自走砲は八・四四口径という巨大でずんぐり形状の短砲身六〇センチ砲を搭載し、四〇年初期に自動車部品多用の試作砲が完成した。名称は四〇年末にプロジェクト4➡ゲレト（兵器）040➡四一年二月に計画推進者の兵器局長カール・ベッカー将軍にちなんでカール砲（ゲレト・カール）と呼ばれた。他方、四二年二月にヒトラーは射程増大目的でより小口径で長砲身の搭載を要求した。そこで、Ⅰ号、Ⅳ号、Ⅴ号砲の三門が一一・五口径五四センチ砲搭載砲架に改造されてゲレト041と呼ばれた。

カールは自走砲だが分解されて専用貨車と重牽引車で戦場付近へ輸送され、組み立て後に砲撃位置まで短距離を自走する。Ⅰ、Ⅱ、Ⅵ、Ⅶ号車はDB五八〇馬力MB503ガソリン・エンジンで、Ⅲ、Ⅳ、Ⅴ号車はMB597ディーゼル・エンジン搭載である。砲弾は二種あり射程は充填炸薬量で異なるが、六〇センチ砲の対コンクリート用重榴弾は二・一七トンで二八四〇〜四三二〇メートル、軽榴弾は一・七トンで四二六〇〜六六四〇メートルである。五四センチ砲の軽榴弾は一・二五トンで射程四八〇〇〜一万六〇〇〇メートルだった。なお、カール砲には専用のⅣ号戦車改造の揚弾クレーン付き弾薬運搬車が共に行動して砲弾補給を行なった。

カール砲は発射衝撃の負荷を避けるべく砲撃前に全高を低く下げ、砲口が後方を向き砲撃後に迅速後退ができる利点があるが、巨大さゆえに最大自走時速は一〇キロ以下だった。膨大な資材と労力の消費で四〇年〜四二年に生産されたのは試作型をふくめて七門で、仕様は砲によって細部に若干の違いがあった。各砲にはニックネームが付けられ、Ⅰ号砲アダム（バルドル）、Ⅱ号砲エーファ（ヴォータン）、Ⅲ号砲オーディーン、Ⅳ号砲トール、Ⅴ号砲ロキ、Ⅵ号砲ツィウ、未完成だったⅦ号砲フェンリル（レックス）である。

結局、カール砲は対フランス戦には間に合わず四一年夏のロシア侵攻バルバロッサ作戦時とセバストポリ要塞攻略および四四年のワルシャワ砲撃で用いられた。最後は四五年春に連合軍の渡河を阻止するためにライン川のレマーゲン橋砲撃に使用されたと伝えられる。

八・八センチ重対空戦車

航空脅威に対処するべく一九四一年に自走重対空戦車の開発がクルップ社でⅣ号戦車c型車体をベースに行なわれたが、複合転輪と五六センチ幅履帯を有する洗練されたほぼ新車両だった。定評ある五六口径の八・八センチ対空砲と威力を増した改良型の七五口径砲の二種搭載で三両試作のみである。重量二六トンで戦闘室の両側面と後面装甲板が平面に開き三六〇度の戦闘スペースが確保できたが乗員防護がなかった。

また、本車をベースとしてクルップ社は八・八センチ対戦車砲搭載案や一〇・五センチ軽野戦榴弾砲搭載の武器運搬車案などを提案したが実現しなかった。

重地雷処理車ラウマーS

本車は奇妙な外観をしたクルップ設計で

装甲強化の一三〇トン試作重地雷処理車である。直径二・七メートルもある強固な車輪と懸架装置は地雷爆発の衝撃を吸収して爆破後の大穴を越える。また、爆風からの乗員防護上、乗員室は高位置に設けられた。

一九四四年に一両が製造されてドイツ敗戦時にクルップ社のヒラースレーベン実験場で米軍が捕獲し、パリ付近の0―644兵器所へ送られて分析された。米国の専門家はラウマーの車輪幅などから幅一・六メートル程度の地雷処理能力があるが期待ほどの効果はないという所見を記録している。

VsKfz（試作）617地雷処理車（ミネラウマー）

一九四二年アルケット社開発の奇妙な外形のミネラウマーも試作だけの地雷処理車である。車体上部にⅡ号戦車の前部車体とⅠ号戦車の銃塔を搭載し、前方の直径二メートル以上の巨大な鋼鉄製二車輪で地雷を爆破しつつ走行し、車輪間を通過してしまった地雷は後部の小型車輪で爆破した。

水陸両用車エンテ

エンテは（鴨）は一九三九年末開発の試作型で後部に推進器を有する水陸両用車である。四〇年五月までに五〇両が完成し、二〇両はキールへ送られて無線操縦装置を搭載するが他の三〇両も同様目的でブレーメンへ送られ、同年六月一日に第七六戦車大隊地雷処理中隊へ配備されたが秘密保持のためにグリニッケ中隊と呼ばれた。ボルグワード液冷エンジンと二速変速機を搭載して最高時速五キロで走行したがフランス戦には投入されなかった。

BⅠ地雷処理車

戦車には歩兵と支援車両が必須である。履帯付重量一・五トンのBⅠ地雷処理車はボルグワード社がポーランド戦の経験から開発した対仏戦用の秘密兵器で履帯付重量一・五トンの遠隔／有人操縦で後部に地雷爆破用のローラーを牽引した。

BⅡ地雷処理車

BⅠ後継はBⅡで前型同様ローラー牽引も遠隔操縦地雷爆破も可能で、Ⅰ号指揮戦車により同時にBⅡ二両が運用できた。最初のシリーズはBⅠより長く重く前面に装甲板を装備して小火器弾から車内機器を防護した。二番目のシリーズは重量二・三トンで爆薬運搬量も三〇〇キロとなり、二〇メートル範囲の地雷を爆薬の爆発衝撃で誘爆させるが、四九馬力エンジンと二速変速機で最高時速五キロだった。四〇年七月からの生産で実戦参加は四一年六月のロシア侵攻戦時だった。部隊での実戦運用は低速と地形により誘導が難しいと評価された。

ゴリアテ軽爆薬運搬車・EモーターとVモーター

超重戦車は一八八トンで名称は小さなマウス（鼠）だったが、こちらは小さな車両に大きな名前のゴリアテ（旧約聖書に登場する巨人）である。やはり、ボルグワード社開発の軽遠隔操縦爆薬運搬車で電動モーター駆動はEモーター（Sdkfz.302）、ガソリン駆動はVモーター（Sdkfz.303）で駆動方法が異なり工学的にも興味ある車両である。Eモーターは四〇年開発で小型電動駆動車だが重量〇・三七トンで六〇キロ爆薬を運んだ。後部格納箱内のウィンチから電線を繰り出しつつ兵士のコントロール・ボックス操作で前進する。前面六ミリ鋼板防護だけで小火器攻撃や配線切断など脆弱だった。四二年四月から二六三五両生産だったが高コストで有効性も疑問視されて四二年四月に生産は中止された。
　しかし、四三年四月にEモーターよりやや大型の改良されたVモーターが生産に入った。特徴はツェンダップ社の二サイクル・ガソリン・エンジン搭載で前面装甲一〇ミリ強化だが耐弾性はそう変わらず四四年九月までに四九二九両が生産された。本車には303aと303bの二種があり、前者は携行爆薬七五キロで後者は一〇〇キロだった。四二年一月から戦場に送られて四四年までに工兵大隊へ各三〇両が配備され、最初の実戦参加は同年六月のセバストポリ要塞攻略戦だった。

重爆薬運搬車BⅣ・A／B型

　陸軍総司令部は無線操縦兵器に強い関心を寄せるが成果を生まず、陸軍兵器局は再びブレーメンのボルグワード社に新シリーズの開発要請を行なったのがBⅣである。ドライバーが目標付近まで車両を操縦し、到達直前に離脱して無人無線操縦で進むのが新ポイントだった。車体前面の木箱に積載の五〇〇キロ爆薬は無線操作で前方へ滑落させるが空車両は戻されて再使用した。走行中にBⅣが地雷を踏めば車両底部の爆圧スイッチが作動し搭載爆薬が爆発して二〇メートル四方の地雷を誘爆させた。
　BⅣA型は当初評価試験用に四二年四月に一〇両ほどが完成し、翌月生産開始で六一六両がラインオフしている。次の発展型はBⅣB型で無線システムが進歩して履帯リンクがドライピン方式となり、ドライバー保護用の折畳式前面装甲板が設置され、車体右側に乗員用脱出ハッチも設けられた。四三年一二月に生産を終えるが二六〇両が工場を出た。これらの爆薬運搬車は軽戦車中隊へ配備されてⅢ号戦車か突撃砲を指揮車として用いた。

重爆薬運搬車BⅣC型

　部隊評価で防御や機動性などの改善策要請で設計変更されたのがBⅣC型である。車台延長と運転区画が左側へ移されB型の乗員脱出口は廃止された。より強力な六気筒エンジン搭載で後部改良と二〇ミリ装甲に強化された。四三年一二月から生産開始だが資材逼迫により四四年一〇月に軍需大臣A・シュペアの命令で中止されるまでに四〇〇両発注で三〇五両が生産された。前型同様に配備されたがティーガーI重戦車の先導車としても用いられた。
　なお、ボルグワード爆薬運搬車の車台に五センチ対戦車砲搭載自走砲の試作車と、一〇・五センチLG無反動砲搭載自走砲計画があり二〇両ほどが転換されたといわれる。

中型爆薬運搬車シュプリンガー

　シュプリンガー（跳躍）は既述の爆薬運搬車ゴリアテとBⅣの中間型として開発が進められた自己爆発型である。開発はボルグワード社から履帯付三輪車ケッテンクラート生産で著名なNSU社に移された。前輪操向装置を撤去したケッテンクラート車台の全装軌車だが、車体延長で転輪を一個増設した五座席タイプ（旧型は四座席）である。オペル・オリンピア・エンジン装備で内部に三五〇キロ爆薬搭載の無線操縦型で、四三年九月に試作車が部隊評価へ送られた。他方、重爆薬運搬車BⅣの生産中止でシュプリンガー生産が四四年一〇月から開始され、四四年一〇月九両、一一月一六両、一二月一〇両、四五年一月九両、二月が最終で六両生産だが前線到着はわずかに三両のみだったとされる。

ＮＳＵケッテンクラート牽引車

　本車は二次大戦中に現れたユニークな半装軌軍用車両の一つだが後に爆薬運搬車に発展的に転換された。一九三九年に兵器局が空軍降下部隊用（後に陸軍も装備した）の履帯付小型汎用牽引車としてＮＳＵ社に開発を要請した。ＮＳＵ社はオーストリア・アストロ・ダイムラー社の地形に応じて履帯と車輪を使い分けて走行するＡＤＭＫモーターカラッテを参考に、オートバイと履帯付小型ボディを合体させた〇・五トン級の汎用軽牽引車を開発した。懸架装置は八本のトーションバーで複列転輪を支え、前半分は鋼板皿型車輪で強化した一輪オートバイ、後方半分は装軌車で上部は乗員／荷物室である。最初の七〇両が完成してクライナー・ケッテンクラフトラット（小型牽引車）と称された。実用試験は好評裡に終了して四〇年から四四年までに八三四五両が生産されて全戦線で重宝された。

　実戦は四二年六月で多段冷却装置を搭載して北アフリカ戦線へ送られ同時にロシア戦線へも配備された。狭道、山道、森林、沼沢地、泥濘地、雪道、砂漠で小型火砲の牽引、兵員、物資、弾薬輸送、そして、指揮官や司令部員の迅速な移動や近距離偵察任務でも重用され、空軍の軍用機の牽引や爆弾運搬もこなした。派生型は車上にケーブルドラムを搭載した軽通信線敷設車はＫｆｚ２／１で、もう一種は別種のケーブル搬送の重通信線敷設車Ｋｆｚ２／２の二種があった。

　本車は複雑な大型半装軌（ハーフトラック）牽引車の操縦メカニズムの小型化による幾つかの問題と、オートバイ部品流用による若干の耐久的欠点があったが、過酷な条件下でも履帯の踏破力で活動し、将兵の信頼も高かった。性能もよく、登攀力はカタログ値二四度だが四五度でも可能で渡渉力は水深四四センチと機動力もよかった。外観は鈍重だが実際は敏捷で操縦性にも優れ、最高時速は路上七〇キロが可能だった。

　動力はオペル・オリンピア乗用車の三六馬力を搭載し、自重一・三トンで燃料消費量は路上一〇〇キロ走行で一六リットル、同距離路外走行は二二リットルで当時は燃費良好だった。路上と路外走行用の二種のギアと後進ギアを備えるが低速ギアで時速一・六キロ〜三・二キロ時に強力な牽引力を発揮でき、履帯接地圧が低く踏破性が優れていた。重心位置が比較的高く車両幅が狭く斜面頂上から下る場合の操縦に注意を要した。アクセルの開閉はオートバイ式角（つの）ハンドルのグリップ操作で行ないクラッチとブレーキは足踏みペダル操作である。シフト・レバーは操縦手の両足間にありシフト・チェンジは円滑ではなかった。ドライバーはオートバイと同じく中央のサドル席に座るが非シンクロ変速器は微妙な操縦感覚が必要だった。

水陸両用装軌牽引車（ラントワッサー・シュレッパー）ＬＷＳ

　ラントワッサーシュレッパー（ＬＷＳ）は一九三五年五月からアルケット、ラインメタル・ボルジク、ザクセンベルグの各社が加わって開発が開始されマイバッハ社が車両を製造した。本車の目的は湖や河川上で車輪付き舟型輸送引き船を牽引し、上陸後は履帯走行する工兵用の水陸両用支援車で、米国の上陸用舟艇のような洋上作戦用ではなく、武装も装甲もとくに考慮されなかった。車内は舷窓を有する船室風で外観も舳先のある船舶形状をしていた。四〇年末に四両の試験車が納入され、その後、四一年三月から六月に毎月二両ペースで製造され、さらに一四両発注で四二年七月から四三年九月まで生産されたが逐次部隊要望で改良された。マイバッハHL120TRMエンジンを搭載し、二基の八〇センチ推進器で水上を航走するが搭載燃料は六〇〇リットルで航続時間は約六時間である。

実戦の記録はあまりないが、少なくとも一両が北アフリカ戦線へ送られて七七八上陸工兵中隊で用いられたことがわかっている。また、四両が英国侵攻作戦用に第一〇〇戦車大隊に配備されてカスボーラーと呼ぶ引き船や二〇トン水陸両用トレーラーを牽引する予定だったが作戦は中止され、他の車両は東部戦線のウクライナとエストニアで用いられた。

シュタイアRSO牽引車

自然条件が厳しいロシアの大地は雨と溶雪時の泥濘や深い雪原はあらゆる車両の通行に極端な困難を来した。そこで、一九四三年に装輪牽引車に代わり全履帯牽引車RSO（東方牽引車（ラウペンシュレッパー・オスト））がシュタイア社で開発された。生産はシュタイア社とクロックナー・ドイツ・フンボルト社にて二五〇〇両で四四年から運用された。積載量は一・七トンで牽引重量は三トンだが砲兵牽引車としても有効だった。七〇馬力のシュタイア1500ーV8ガソリン・エンジン搭載で最大時速は一五キロ、全長は四・四三メートルで重量は三・八トンである。燃料消費は六〇リットルで路上一〇〇キロ走行、不整地は倍の一二〇リットル、航続距離路上三〇〇キロで不整地は半分、操縦は直角上向レバー操作だが難しく経験が必要だった。戦車と同様なトーションバー懸架装置と鋼製履帯構造だが通常用の三四〇ミリと雪道用の六〇〇ミリ幅の二種があった。

RSOは東部、西部両戦線でよく活動したが大戦末期の戦闘車両不足により、四四年に八三両が運転席撤去で七・五センチ対戦車砲搭載RSO自走砲に転換され部隊評価が行なわれた。また、後の改良型のRSO／3はマギラス社で生産され、四気筒ドイツ・ディーゼル・エンジン搭載で量産容易な上部開放式（キャンバス覆い）の四角型ボディを有した。この型は大戦後も森林牽引車1500と名前を変えて生産が続けられた。

ADKM装輪／装軌車

オーストリアのアストロ・ダイムラー製の偵察用の装輪／装軌車で三三九両がドイツ軍で使用された。

ザウラーRK9装輪／履帯偵察車

一九三八年に国防軍の要請でオーストリア・ウィーンのザウラー社開発の装輪／履帯付の装甲偵察車で四二年から供給された。装輪時速八〇キロで履帯走行三〇キロだった。無砲塔と砲塔付があったが一五両生産中に中止された。

装輪／履帯RR―7／2／軽装甲砲兵観測／無線車

本車も三六年にオーストリアのザウラー社開発の砲牽引車だったが、三八年にドイツ陸軍で軽兵員車として四〇年～四一年にかけて一二八両が生産された。運用は軽装甲砲兵観測／無線車で北アフリカとロシア戦線で用いられた。

装甲兵員車

【Sdkfz.251中型装甲兵員車 (Mittlerer Schutzenpanzerwagen Sdkfz.251)】

1944年夏、ノルマンディ戦時に北フランスの町を行く12SS装甲師団ヒトラー・ユーゲント（HJ）所属のSdfz.251／10／D（新車体）である。車上に若い兵士たちと威力があった口径漸減砲の2.8センチ対戦車砲を搭載しているのに注意されたい。

【Sdkfz.251/1A】ベルリンのブランデンブルグ門付近に駐車するSdkfz.251／1中型装甲兵員車で車体側面にガラスブロックの入った観察窓2個を有する極初期のA型である。251はA、B、C、D型合計で15252両も生産されたドイツ機械化部隊の中軸車両だった。

【Sdkfz.251/1B】1940年春のフランス電撃戦時のSdkfz.251／1で車体側面の観察窓が前方1個だけになったB型である。装甲兵員車はドイツ装甲師団で戦車部隊とともに行動する機械化歩兵（装甲擲弾兵連隊）が用いる戦闘車両だった。

【Sdkfz.251/ 1 C】車体前面が１枚装甲板となった標準的な装甲兵員車で車体の前後にMG34機銃を装備している。また、前方機銃斜め下方にガラスブロック付き外部観察口と右前方フェンダー上の棒状管は指揮官旗など各種ペナント掲示用である。

【Sdkfz.251/ 1 D】1944年初夏に完全編成された12SS装甲師団ヒトラー・ユーゲント（HJ）の装備する新型車体で、検閲中の右端の人物は師団長のフリッツ・ヴィットSS少将で、その左は西方総軍司令官G・v・ルントシュテット元帥である。

1942年冬季ロシア戦線における ロケット発射架３基６発装備の251／１Cで1940年のフランス戦以降にベルリンのJ・ガスト社が開発して装甲工兵小隊に装備され28センチ榴弾と32センチ焼夷弾を発射した。

Sdkfz.251／１Dに装備された28センチ／32センチ（両方使用可）ロケット発射架である。重量82キロの28センチ榴弾の射程は1930メートルで32センチ焼夷弾は2200メートルと比較的短かったので広範囲には用いられなかった。

車上中央に迫撃砲の頭が少し見える251／２は８センチ迫撃砲（GrW34）搭載車で迫撃砲弾66発とMG34かMG42機銃弾2010発を搭載し装甲擲弾兵重小隊で火力支援に用いられたが後に小型のSdkfz.250／７にスイッチされる。

251／２の車内で補強床板上に8.8センチ迫撃砲が搭載されている。右側が前方で上方（左）は兵員席、手前（右）が迫撃砲員３名の席である。歩兵の標準迫撃砲（８cm GrW34）は合金製で重量3.5キロ弾を発射し、射程2400メートルで精度も高かった。

Sdkfz.251／３Cで戦争後期に用いられた先端部が開いた星型アンテナと車体右側面に増加アンテナを装備している。この種の本部通信車両の搭載無線機は部隊レベルと使用目的により組み合わせが異なっていた。

Sdkfz.251／３通信車の車内で無線手が波長ダイアルを合わせている。搭載無線機は出力10ワットのFuG５無線機（Ⅲ号、Ⅳ号戦車の標準通信機で２～４キロ通信）だが目的により10種ほどの異なる無線機を搭載した。

左端はSdkfz.251／4Dの弾薬運搬車でロシア戦線における507重戦車大隊のティーガーI重戦車に8.8センチ砲弾を補給中のワンカットであるが、弾薬車、兵員輸送、砲撃管制、地形調査など多種の任務にも用いられた。

1941年6月のロシア侵攻バルバロッサ作戦時に工兵のかけた臨時木橋を通過する大型フレーム・アンテナ装備の初期タイプSdkfz.251／6A通信指揮車だがA、B型に共通特徴である車体前面の2分割装甲板が見られる。

長距離通信が可能な大型フレームンテナを車上に装備したSdkfz.251／6Cでエニグマ暗号機なども搭載して師団司令部や軍団司令部などで用いた上級指揮車両であるが1943年以降は使用されなくなった。

1942年に工場で撮影された装甲工兵車Sdkfz.251／7Cであるが車体上の短架橋（突撃橋）の搭載支持架などが鮮明に認められる。また、この派生型は地雷など工兵用の重器材も搭載し、乗員は7名で7.9ミリ対戦車銃39を有していた。

これは新型（ノイ）車体 のSdkfz.251／7D装甲工兵車で車両上にドライバーを除く乗員6名と車両前後にMG34機銃と側面に燃料缶が認められる。

1944年、東部戦線における新型車体のSdkfz.251／7D装甲工兵車で第20装甲師団装甲工兵中隊3小隊の所属で車体左側面中央国籍記号の前方に矢印状のマーキングが認められる。

車体前面と上部エンジン・デッキに赤十字マークを描き車体側面後方に真水タンクを搭載したSdkfz.251／8C装甲救急車型である。

後方から前方を見たSdkfz.251／8C装甲救急車の内部で右方の乗員席を撤去して上下に2台の搬送用ストレッチャーを装備し、基本的な救急医療装備を有していた。後部左右の扉の開閉装置に留意されたい。

新型車体のSdkfz.251／8D装甲救急車で車体側面に赤十字マークを描き1944年に北フランスのルーアン付近を走行中である。装輪救急車に比べると不整地走行性が高く、ある程度の装甲もあって戦場から負傷者を搬送するのに有効だった。

Sdkfz.251／９Cで24口径短砲身7.5センチ砲を搭載した歩兵の火力支援用車両である。7.5センチ砲防盾のやや後方に５倍率で1500～3000メートル有効の照準器（Sfl ZF１）と車両後部にMG34機銃が見える。

Sdkfz.251／９Cの右側に寄せて搭載された24口径7.5センチ戦車砲の閉鎖器（砲弾装填部）と乗員の保護板が写る鮮明な写真である。砲の左側は５倍率視度８度の単眼望遠鏡式照準器（SlfZF１）で砲手席が下方に少し見える。

この車両は新型車体のSdkfz.251／９Dで搭載火砲は同じ7.5センチ砲（K51（Sf））である。1944年初秋の西部戦線だが連合軍機の空からの脅威により樹木による偽装を入念に施している。

本車はロケット発射架を備えた装甲兵員車251のB型車台に3.7センチ対戦車砲を搭載した小隊長車でSdkfz.251／10B。車上は1942年のスターリングラード戦中の第16装甲師団のデトマール・フィリッピ中尉である。

1943年２月の第３次ハリコフ攻防戦時の装甲擲弾兵とSdkfz.251／10Cで車上に3.7センチ対戦車砲を搭載しているが砲防盾は２枚装甲中空の低姿勢型に改善されている。

珍しいSdkfz.251／11C装甲通信線敷設車である。車内に設置された通信線リールからケーブルを後方へ延伸して車尾装備の棒状支持架を用いて敷設した。なお、この車体は生産企業の保有機械設備の関係でリベット留め構造の生産車な点に注意。

1944年夏に連合軍の欧州反攻戦に備えて新編成された12SS装甲師団ヒトラー・ユーゲントのSdkfz.251／15D砲撃観測車であるが1943年以降はこのタイプは製造中止になっていた。右から４人目は検閲するゼップ・ディートリッヒSS大将。

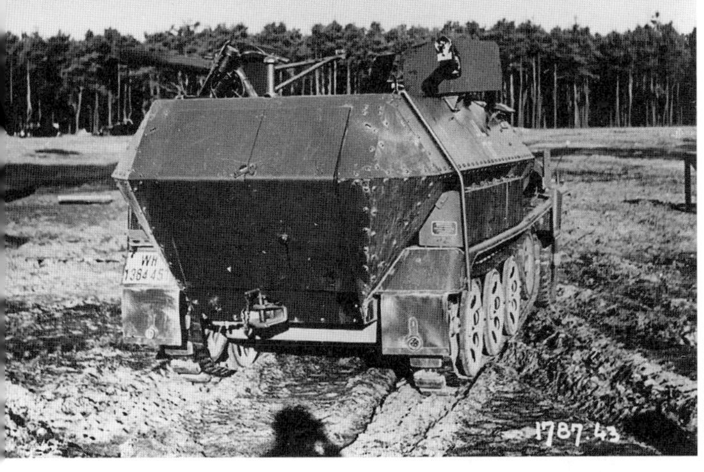

これはリベット留め構造のSdkfz.251／16C装甲火炎放射車の後方写真だが車体側面左右に２基の火炎放射筒とMG34機銃架が見える。火炎放射筒は２秒間隔で80回のバースト放射が可能だった。

Sdkfz.251／16C装甲火炎放射車上のFmW41火炎放射管のクローズアップで後部搭載の窒素と燃料ガスタンクに接続する供給用の管が見られる。ホース接続で後部格納の７ミリ放射管も使用できた。なお、放射管は左右可動角90度、上下40度で干渉を避けて前後にずらして設置されている。

Sdkfz.251／16D装甲火炎放射車で陣地攻撃の訓練中である。700リットルの火炎放射燃料を搭載して車両の両側面（前後装備もあった）に1.4センチ火炎放射管を保護管内に装備したが相手歩兵にとっては恐怖兵器だった。

連合国空軍の空の脅威に対抗したSdkf.251／17Cベースの装甲対空車両で３種以上の型が見られた。これは２センチ対空砲（FlaK38）装備の空軍型で車体側面が左右に開いて対空射撃時の戦闘員のスペースを確保した。

Sdkfz.251／17D改造の３連装２センチMG151S機関砲搭載の初期型対空戦闘車両で1944年に西部戦線にて米軍が捕獲した車両である。

２センチ対空砲搭載Sdkfz.251 ／17Dで弾薬は600発を搭載した。車上に装備された小型の砲塔により360度全周射撃が可能であり対空砲小隊あるいは擲弾兵小隊に装備したが地上戦闘も行なえた。

大戦末期開発の60センチ赤外線投光器と前方に小型赤外線操縦機器装備のSdkfz.251／20D赤外線暗視車ウーフー（ふくろう）。30センチ口径装置のパンター戦車は最大距離600メートルだが共に行動する本車は1500メートル探知が可能だった。

赤外線探知装置試験車Sdkfz.251／1（IR）Dで上部はFG1250赤外線投光器、前面中央は可視化受光器、ドライバー席前方は操縦用赤外線テレスコープ。赤外線探知車は60両完成で少数が作戦でパンター戦車とともに使用された。

連合国空軍の戦闘爆撃機の跳梁に対抗するべく開発されたSdkfz.251／21C対空車両で戦闘スペースが改良された。２センチ３連装MG151／20機関砲を搭載するが毎分700発という高い発射速度により低空来襲機に対して効果的だった。

上方から見たSdkfz.251／21C装甲対空車の2センチ3連装MG151／21で元来は空軍の機関砲の地上用改正型である。車上で迎撃態勢をとる戦闘員を示すが砲はベルト給弾式で搭載弾数は2000発だった。

ドイツ敗戦直前の1944年12月にヒトラー要求で生産が開始されたSdkfz.251／22Dで7.5センチ対戦車砲（PaK40）を搭載した車両である。駆逐戦車部隊、装甲偵察中隊などに配備されたが大きく重い砲は機動範囲が限定された。

Sdkfz.251装甲兵員車の究極の自走砲化はドイツ最強の8.8センチ対戦車砲（PaK43）を搭載した車両だったが試作車だけに終わった。1944年の兵器供覧時の撮影だが車上砲手の後方にヒトラーの顔が認められる。

1944年12月～45年１月のアルデンヌ戦（バルジ戦）時にベルギーで用いられたSdkfz.251の兵員室前方に米軍の50口径ブローニング機関砲を臨時に搭載した車両で車上の米兵は米第１軍のE・ヘイト一等兵。

ソビエト軍から捕獲したT-34/60連装ロケット発射筒（T-34戦車搭載用）をSdkfz.251／Dに搭載した臨時車両で1944年12月に米軍が捕獲して発射試験時の撮影である。

【Sdkfz.250小型装甲兵員車
(Mittlerer Schutzenpanzerwagen. Sdkfz.250)】

1942年の東部戦線スターリングラード戦域における装甲師団の装甲兵員車の隊列。手前の先導車は軽装甲兵員車Sdkfz.250／3で地対空無線機を搭載し、アンテナを増設している。後方には中型装甲兵員車Sdkfz.251の車両群が続行している。

軽装甲兵員車Sdkfz.250／１の左側面でMG34機銃を２挺装備した。本車は半個機関銃分隊４名を輸送する車両として1930年台半ばから開発され車台は既存のデマグ社の１トン半装軌車台を用い車体はビューシング社で開発された。

軽装甲兵員車Sdkfz.250／１の右側面を示す。後出の新型車体をふくめ45年までに6628両がビューシング社はじめフォマーグ社など数社で生産され、分類は12種だが実際には20種以上の派生型が見られた。なお、旧型はアルテで新型はノイと呼ばれた。

車体構造が複雑で生産性が良くなかったSdkfz.250／1であるが、後方からの写真によりヒンジを用いて左側へ開く片開き乗降扉と車体後上部に搭載されたMG34機銃架の詳細が見られる。

写真上方が前方を示すSdkfz.250／1の車内の詳細。左上がドライバー席で中央に大型円形のエンジン回転計が見られ、その上方にMG34機銃の銃尾と防盾があり手前左右は兵員用のベンチ椅子である。

歩兵を乗せてロシア戦線を行く迷彩塗装の軽装甲兵員車250/1（le SPW）だがドライバーと補助乗員プラス完全装備の歩兵6名を輸送し追加は2名まで可能だったがオープントップの兵員室は極めて窮屈だった。

車体を直線構造にした生産簡易型の新（ノイ）車体の250／1であるが旧（アルテ）型と比較すると簡易化された車体の違いがよくわかる。ロシアの広大な戦場で交通管制を行なっている。

北フランスを行く第22ロケット砲中隊２小隊車で新型（ノイ）車体のSdkfz.250／４（砲撃観測車）で15センチ・ロケット砲搭載マウルティーア（驢馬）を先導している。新型車体は単鋼板と直線構造で1943年から生産に入った。

Sdkfz.250／２工兵用通信車両で車内左側に３名用の座席を残し右方には電話ケーブル・リールを搭載している。アルテ（旧）型の左右に膨らむ複雑形状の車体構成や前方両フェンダー上のツール格納用フレームなども認められる。

オープントップ型車体上部に大型フレーム・アンテナを装備し出力40ワットで範囲10キロ通信が可能なFuG 8 無線機搭載のSdkfz.250／3で主に師団指揮本部などで用いられた。

Sdkfz.250／3で無線機搭載の指揮車型である。同じ250／3でも機械化部隊用のFuG12通信機搭載、師団と空軍間の連携用のFuG 7 通信機搭載、汎用通信機搭載型など数種が見られた。

MG34機銃と防盾が見える左方を前方としたSdkfz.250／3の汎用無線機搭載車であるが後部右端（右上）に無線機類を積載したラックがあり車内右側面上部（上端）にKar.98kライフルが常備され手前に窮屈なベンチ席も見られる。

砲撃観測車でFuG 8 通信機用の2メートルタイプの星型アンテナを車体左後部に装備したSdkfz.250／5である。また、出力80ワットのFuG12無線機搭載車も同じく250／5と称した。

2枚とも右方向を前にしたSdkfz.250／6の車内を示す。突撃砲の装甲弾薬運搬車だが短砲身7.5センチ突撃砲（A～E型）用70発か長砲身7.5センチ突撃砲砲弾（F～G型）42発搭載の2種があった。左方は250A型で右方はB型を示す。

Sdkfz.250／7は8センチ重迫撃砲（GrW 34）搭載車で42発の迫撃砲弾を携行し軽装甲偵察中隊4小隊指揮官用に配備された。他方、迫撃砲と砲弾66発、機銃2挺と無線機を搭載する似た車両も250／7と称された。

強化された床板上に8センチ重迫撃砲搭載の軽装甲兵員車Sdkfz.250／7だが前方に乗員席と迫撃砲基部付近の戦闘員席、および、迫撃砲の向こう側に常備されたMG34機銃とKar.98k小銃が認められる。

Sdkfz.250 ／8は1943年に旧型（アルテ）車体に短砲身7.5センチ砲を搭載した少数製造車両で以降、44年秋に再び写真のような新型車体（ノイ）に同じ砲を搭載した派生型が生産されて装甲偵察中隊4小隊に火力支援用として配備された。

偵察用４輪軽装甲車Sdkfz.222の砲塔と武装（２センチ戦車砲と同軸MG34機銃）をそのまま搭載してSdkfz.250／９と称したが、東部戦線での評価試験の結果、戦場の走破性が軽装甲車より優れていたために本車と置き換えることになった。

Sdkfz.250／９の後部写真であるが上部砲塔後部の開いた観察窓、その下に見られる開いた状態の片開式の乗員乗降扉の内側や車体後部右下に配置された燃料缶など詳細が興味深い。

3.7センチ対戦車砲（PaK35/36）を搭載したSdkfz.250／10であるが砲防盾は改善された低タイプになっている。本車は弾薬216発を搭載し、小隊長車として歩兵の火力支援用に使用された。

Sdkfz.250／11は砲身が次第に先細りとなるゲルリッヒ効果による軽量高威力の2.8センチ口径漸減対戦車砲（s PzB 41）を搭載した派生型のプロトタイプだが戦闘時に乗員を防護する2枚鋼板合わせ目に空隙を有する小型防盾を装備している。

ロシア戦線におけるSdkfz.250／11で小口径の割に貫徹力の高い効果的な2.8センチ対戦車口径漸減砲は弾芯に貴重な戦略資材だったタングステンを必要としたので砲そのものが少数生産に終わった。

左）Sdkfz.250／12砲兵観測車で中央後部に〝かに眼鏡（砲隊鏡）〟と左側に無線機器を装備し、側面左右に大型フレーム・アンテナ支持架が見られる。右）同型車両で車内右方は80ワットFuG12無線送受信機で左側の四角箱は〝かに眼鏡〟（S.F.Z 14砲隊鏡）の格納箱で上端の横棒はフレーム・アンテナである。

1941年夏のロシア戦線を行く後部傾斜が特徴のSdkfz.252弾薬運搬車（デマグ１トンD７p車台）と前方にサイドカーや１トン牽引車なども見られる。41年９月までに413両が生産された後に突撃砲用弾薬運搬車Sdkfz.250／６と交代した。

1943年春の北アフリカ戦域チュニジア戦線を行く第10装甲師団のSdkfz.252弾薬運搬車（左手前）とⅣ号戦車G型（右奥）で左端にⅡ号戦車も見られる。本車はオープントップの装甲兵員車と異なり上部密閉式で乗員用のハッチ２個が設けられていた。

Sdkfz.253は突撃砲大隊に配備された砲撃観測車で1940年から41年半ばまでに285両が生産された。８～14.5ミリ装甲のSdkfz.250装甲兵員車に比べると本車は８～18ミリと強化されていた。

突撃砲兵用の砲撃観測車Sdkfz.253の上面が見られる写真であるが、密閉式車体上部に乗員が身を乗り出している独得の大型円形ハッチと右側面に前方へ折り畳む無線アンテナが見える。なお、車体前面の戦術マークは突撃砲部隊の所属を示している。

中型／軽装甲兵員車と派生型

中型装甲兵員車Ｓｄｋｆｚ・２５１

車台と装甲車体が同じA、B、C型と量産容易な新型車体D型の四種があり、任務によりじつに二三種以上の派生型があった。生産数も多くA、B、C型で四六五〇両、D型は一〇六〇二両で計一五二五二両が生産された。ドイツ装甲部隊を育成したH・グデーリアン上級大将は、中型装甲兵員車は二次大戦中のドイツ機械化（自動車化）部隊の中軸として装甲戦で重要な役割を果たしたと述べている。

Ｓｄｋｆｚ・２５１A

Ｓｄｋｆｚ・11・三トン半装軌牽引車（ハーフトラック）の車台上に別生産の装甲兵員室を設けた車両で、初期生産はボルグワード社で、後にハノマグ、ＭＮＨ、シーショウ、ウェザーヒュッテの各社でも生産された。前方二輪操舵で後方は不整地踏破性に優れる履帯を用い、前方起動輪と後方誘導輪に複列型七転輪と懸架装置、そして、一〇〇馬力マイバッハ・エンジン（ＨＬ42ＴＵＫＲＭ）と四速変速機装備である。兵員室はハノーファーのドイッチェ・エーデルシュタールヴェルケで二分割製造され、前方エンジン搭載で車両前方は操縦区画で後部は兵一〇名収容のオープン・トップ兵員室で両区画はボルト連結の複雑構造だった。A型の車体側面は小銃弾に耐える八ミリ装甲でガラスブロック付き外部視察窓三カ所があり兵員は後方扉から乗降を行なった。一九三九年五月に生産に入り九月のポーランド侵攻戦では限定数が参加しただけだった。２５１の最初の三〇五両は三九年六月〜一二月に生産された軟鋼製（低炭素鋼）車体で以降に大量生産が行なわれた。

Ｓｄｋｆｚ・２５１B

B型車体は車体側面視察窓が一カ所になり内部格納レイアウト部の若干の変更と、無線装置は前席副操縦手後方に移され、前方機銃架は単純な旋回軸タイプで防盾が付属した。無線アンテナは右前方フェンダー上から無線機付近への移設など改正されて約三五〇両が生産されたが、視察窓ユニットの供給不足、装甲鋼板の欠如など物資不足が三九年中の生産に影響を与えた。

Ｓｄｋｆｚ・２５１C

C型は四〇年一月から生産開始でハノマグ社が車台を生産し、東プロイセン（現ポーランド、ロシア、リトアニア）のエルビング・シーショー・ヴェルケで最終組み立てを行なった。また、ハノーファーのＭＮＨ社も車台生産を契約したが実際はボルグワード社（ハンザ・ロイド・ウント・ゴリアテ）が生産するなど次第に複雑になった。戦場から多くの２５１兵員車が要求され、四〇年三月からオーストリア・テルニッツのスコーラー・ブレックマン・シュタール・ヴェルケが生産を開始し、ドイッチェ・エーデルシュタールヴェルケも加わるが供給量は不充分で、装甲車体がズデーテンラントのボヘミッシュ・レイパ社に発注された。だが、この企業は溶接設備がなくリベット留め構造の２５１Cの車体を製造した。既述のシーショウ、ゴルノウ・ウント・ゾーン・アイゼンヴェルケとフォマーグの生産車体はハノマグとＭＮＨへ運ばれて最終組み立てが行なわれたが、設備の事情で溶接とリベット留め車両があり外観上の生産社識別はできなかった。前型までのエンジン室前方装甲板が上下分割二枚型だがC型は上方傾斜の一枚装甲板でAとBにあった棒状前方バンパーが撤去されて容易に判別できた。また、エンジン冷却空気吸入口位置が異なり、兵員室後部に格納箱が追加され、前席を折畳式として容易に撤去可能なように再配置された。

Sdkfz・251D

洗練された新型車体のD型はビューシング社で四二年一二月一日設計完了。四三年五月からラインラント・クレフェルトのドイッチェ・エーデルシュタールヴェルケで生産がはじまり、六月からシュテイン・ミユーラーからも供給された。ボヘミアのボーレン・レイパ、テルニッツのスコーラー・ブレックマン、ポーランドのアウシュビッツ付近のカトヴィッツ・ラウラヒユッテ工場、中央ボヘミア・クラーデンのポルディヒュッテがD型生産に加わった。

量産上の理由で車台生産のハノマグ社は最終組み立てを中止し、エルビングのシーショウとマシーネン・ウント・ロコモティーヴェ・ヴェルケが組み立て作業に参加した。Uボート建造の東プロイセン・エルビングのシーショウ社の生産は四三年一一月からだった。同社の不規則拡充された工場での記録によれば四四年に労働者一八〇〇〇名と強制収容所の労働者二〇〇〇名が投入されたとされる。四五年二月にエルビングがソビエト軍に占領されてシレジア・ゲルリッツのフォマーグ（ヴェーサーヒュッテ・ウント・フォマーグ・ワゴンファブリク）での生産が計画された。すでにMNH社は四三年三月にV号パンター戦車生産により装甲兵員車生産を中止して同月にアドラーヴェルケが生産に入った。また、戦場での損失補充のために四三年五月からアウト・ウニオンと七月からチェコのシュコダも生産を開始した。

D型車体は全面的に再設計され安価で生産も容易になった。前型までの後部の複雑な乗降用両開き扉は単純なヒンジ式一枚鋼板に代わった。フェンダー上にある格納箱は履帯ガード上のスペース利用で車体側面と一体化された。C型車体両側面の大きな排気口は撤去され、また、四四年一月二七日の指令でMG34機銃は新型MG42機銃に交換された。内部機器レイアウト変更は少なかったが前型までの鋼材の一部に木材が使用された。ドイツ敗戦時の四五年二月二八日の緊急生産計画に251装甲兵員車が含まれ依然として重要装備だったが、事実、四五年四月まで生産が続行されていた。二次大戦末期にチェコスロバキアでディーゼル・エンジン搭載の密閉式兵員室を有する改良型の装甲兵員車が開発されてOT―810と呼ばれたが、戦後の一九五八年から一五〇〇両が生産されたのは興味深いことである。

【派生型】

Sdkfz・251／1装甲兵員車

各種任務別に装備の異なる派生型があり番号で分類された。251／1は本来の目的どおり装甲兵員車で無線機搭載にて完全武装の機械化（自動車化）歩兵一〇名を乗車させて戦車部隊とともに行動した。

Sdkfz・251／1ロケット発射装置搭載車

四一年はじめに重投擲兵器と称されるロケット発射架三基を車体両側面に斜め前上方へ向けて装備し、〝歩くシュトゥーカ〟

と呼ばれた。照準は車体前方装備の照準棒で決定し左右角は車体の向き、上下角は発射架で調整したが後に発射角調整器が装備された。木枠格納輸送のロケットは二八センチ、三〇センチ榴弾、三二センチ焼夷弾の三種だった。射程は九七五～四五五〇メートルで発射時の爆風防止上、乗員は前方へ搭乗した。本車は兵員輸送か工兵輸送にも用いられたがロケット搭載車両の乗員はドライバー、砲手、車長の三名である。なお、大戦末期登場の赤外線暗視装置搭載車のファルケ（鷹）も251／1と称された。

Sdkfz・251／2八センチ迫撃砲搭載車

四〇年九月開発開始で四一年春に初期型車体に八センチ迫撃砲34（グラナーテヴェルファー34）を搭載して成功した。迫撃砲の弾道上の理由で前方機銃は撤去されて底板付き迫撃砲を搭載するが、必要に応じて地上設置発射も可能だった。重量八・六四トンで弾薬格納数は六六発だが同時に兵員八名を輸送できた。

Sdkfz・251／3装甲通信車（フンクパンツァーワーゲン）

四二年八月時点の251／3は火砲牽引車だったが四三年二月に装甲通信車に分類された。多くはD型車体だがC型車体もあった。さらに、四四年八月八日の時点で以下のように目的別に少なくとも七種の異なる無線機搭載型があった。①Sdkfz・251／3―Ⅰ、②251／3―Ⅱa、③251／3―Ⅱb、④251／3―Ⅲ、⑤251／3―Ⅲa、⑥251／3―Ⅳ、⑦251／3―Ⅴ。これらは大型フレームアンテナ装備だが後にポール・アンテナになった。兵員七名を輸送し武装はMG34機銃だが四四年一月からMG42機銃となり弾薬は運用年度で異なるが通常二〇一〇発だった。

Sdkfz・251／4砲牽引車

元は七・五センチ軽歩兵砲牽引車だが三・七センチ、五センチ、七・五センチ各対戦車砲、一〇・五センチ軽野戦榴弾砲なども牽引したほかに弾薬搭載、兵員輸送、地勢調査など汎用性が高かった。

Sdkfz・251／5工兵指揮車

搭載機器の違いで二種あり装甲工兵、突撃工兵が運用した。

Sdkfz・251／6指揮装甲兵員車

251／6指揮装甲兵員車と251／3が混同される。251／6は乗員八名で重量八トン、八〇ワットのFuG12と一五ワットのFuG19無線セットを装備し一部の車両にはエニグマ暗号機を搭載した。また、空軍野戦部隊で用いたのも251／6で時として一〇メートル長の無線アンテナを用いる前線航空管制用だが、ドライバー区画に地図テーブルを設置することができた。

Sdkfz・251／7装甲工兵車

CとD型車体を用い八トン架上に折畳式短架橋を有し、武装は当初MG34でのちにMG42機銃となった。乗員八名だが小隊の二、四、六号車は対戦車銃を装備した。四四年一一月からMG42機銃一挺がMP40短機関銃になった。初期は無線機未搭載車もあったが四二年からは車両間通信用のFu・Spr・Ger・F無線機セットが助手席に搭載され、四三年に一部の車両にFuG5無線機が搭載されて251／7―Ⅱ

として分類された。

Ｓｄｋｆｚ・２５１／8装甲救急車

戦場救急車で武装はなかった。大型の水格納タンクが変速機上の床に設けられ傷病者用担架と特殊席が設置された。時として標準型２５１が救急車に臨時転換されて機銃架はそのままにされた。

Ｓｄｋｆｚ・２５１／9短砲身七・五センチ砲搭載車

強力な火力支援の必要性から生まれた二四口径短砲身七・五センチ突撃砲搭載車でシュトゥメル（切り株）と呼ばれた。四二年三月にビューシング社で改修され前方機銃架を撤去し、車高を減ずるために車体前面とドライバー周囲の装甲も外された。乗員席左側座席も撤去して砲弾三二発を格納し、無線機は左側壁へ移され重量八・五三トンで全高二・〇七メートルとなった。ロシア戦線で二両の評価試験が成功して四二年六月から四三年一二月までに六三〇両が生産されたが途中で砲架を単純化した。前席ドライバーと助手席の間に突撃砲が搭載され新防盾となり新設砲架の左右の射角は左右二〇度（前型は一二度）となり砲架右の自在架にＭＧ42機銃が装備され、四四年一月～一一月に一〇九〇両が標準車から転換された。２５１／９の代替えとして２５１／22がヒトラー命令で生産され四四年一二月にフォマーグ社から最後の二両が引き渡された。なお、ウェザーヒュッテ社は一九四〇年後半から四五年三月までずっと２５１を生産し続けた。

Ｓｄｋｆｚ・２５１／10三・七センチ砲搭載車

小隊火力の増強で三・七センチ対戦車砲を搭載し、擲弾兵小隊長車として用いられた。格納砲弾は一六八発で後部にＭＧ34かＭＧ42機銃を残し携行機銃弾は一一〇〇発である。乗員五～六名で重量は八・〇一トンで三・七センチ対戦車砲の防盾は標準型など数種あり一部は防盾がなかった。四一年五月にラインメタル社で評価車納入に続き同年八月までに八〇両が引き渡され、続けて四三年一〇月まで生産が行なわれた。しかし、効果面から四四年はじめに生産が中止されて２５１／17（二センチ砲搭載対空車両）に変更された。

Ｓｄｋｆｚ・２５１／11通信線敷設／通信中継車

当初Ｃ型車体利用で電話交換機搭載の電話線敷設通信工作車両だったが後に通信中継任務も行ない四二年八月から四五年二月まで生産が続行された。通信工作車は二種あって一種は軽野戦ケーブル６装備車両で、もう一種は野戦ケーブル10を装備した。両種は戦闘室内の右側ベンチ席を撤去して二基のケーブル・リールと関連機器を格納したが、左側フェンダー上に第三のケーブル・リールが搭載された。乗員五名で通信ケーブルを高所へ吊るための長い棒状機器を用いた。重量八・五トンで機銃二挺の標準武装である。

Ｓｄｋｆｚ・２５１／12砲兵観測車

乗員六名でＦｕＧ８通信機器を装備し大型無線フレームアンテナ搭載の機動砲兵観測車だが四三年以降は生産が中止された。

Ｓｄｋｆｚ・２５１／13砲兵音源観測車

少数生産の砲兵音源観測車だが必要性が

薄く四三年に製造は中止された。

Ｓｄｋｆｚ・２５１／14砲兵音源評定車

２５１／13と同時期に少数生産された砲兵用の砲兵音源評定装置を搭載した車両だがやはり四三年に生産中止となった。

Ｓｄｋｆｚ・２５１／15砲兵着弾観測車

これは砲兵着弾観測車で四三年七月に装甲師団砲兵大隊用のマニュアルが配布されたが写真記録は見当たらない。

Ｓｄｋｆｚ・２５１／16火炎放射車

四三年一月にＣ型と新ボディのＤ型に火炎放射器を搭載した車両で最終的に三五〇両ほどが生産された。当初は二基の一四ミリ口径火炎放射筒と携行タイプの七ミリ口径放射筒が搭載された。一四ミリ放射筒は装甲車体の左右装備で放射角度は一六〇度だった。放射燃料格納タンクの一つは後部ドア内部に配置され、すべての格納容量は七〇〇リットルで連続放射八一秒間である。別設置のアウト・ウニオン製二八馬力エンジンとポンプ・システムで放射燃料を供給するが放射距離は約五〇メートルだった。一四ミリ放射筒は電気点火方式（四四年五月に火薬点火方式に変更）で携行式は火薬点火方式で使用頻度が低く撤去された。乗員四名でドライバーのほかに車長は無線手も兼ねるが車体左右の放射管は乗員が操作した。重量八・六二トンでＭＧ34機銃装備である。

Ｓｄｋｆｚ・２５１／17・二センチ対空砲搭載車

それまでにも航空脅威に対応する幾種かの改造対空車両があったが本格的になったのは２５１／17である。大戦末期の四四年一一月から生産がはじまりシーショー社で三〇両、ウェザーヒュッテ社で八二二両が生産された。車体後方に二センチ戦車砲の改良型を搭載し、砲台座と一緒に回転する砲手席を設け、上下左右角はハンド・ホイールで行ない二〇発装填弾薬ケースが用いられた。乗員四名でＭＧ34機銃は残されたが全般的に狭く成功作とはいえなかった。

Ｓｄｋｆｚ・２５１／18装甲兵員指揮車

この車両は八〇ワット送受信機ＦｕＧ12搭載の指揮車だった。

Ｓｄｋｆｚ・２５１／19機動電話中継車

電話交換の機材を搭載した機動電話中継車で電話中継小隊が使用した。

Ｓｄｋｆｚ・２５１／20装甲赤外線探知車ウーフー（ふくろう）

一九〇〇年代からＡＥＧ社で開発された赤外線暗視装置搭載の夜間戦闘車ウーフーは、「ビワ」赤外線投光器を用いて目標からの反射波を一万五〇〇〇ボルトの高圧作動でコンバーター（変換器）とブラウン管で視覚化した。他方、四四年までにＶ号パンター戦車の砲塔上に夜間戦闘を有利にする目的で口径二〇センチの赤外線投光器ＦＧ１２５０と赤外線照準具ＺＧ１２２１が搭載された。投光器の直径で距離が決定されるために探知範囲は三～四〇〇メートル程度だった。そこで、口径六〇センチの大型赤外線投光器を２５１装甲兵員車に装備して一五〇〇メートルほどの遠距離暗視を行ないつつパンター戦車とともに夜間行動する目的で開発されたのがウーフーでパンター戦車六両に一両装備の予定だった。ウーフーはウィンド・シールド前面に小型の二〇センチ赤外線装置、ＦｕＧ５無線機、ＭＧ42機銃が搭載された。フォマーグ社で四五年一月から組み立て開始だが記録によれば完成車両はたった一両（赤外線装置は六〇セット完成）だけとされる。四五年三月二六日に総統擲弾兵師団第一〇一戦車大隊第一中隊に配備された二〇センチ赤外線装置搭載の一〇両のパンター戦車が夜間攻撃に用いた。なお、２５１／１に赤外線暗視装置を搭載した車両はファルケ（鷹）と呼ばれた。

Ｓｄｋｆｚ・２５１／21対空装甲兵員車（ＭＧ１５１／15）

連合軍の航空優勢対策としてドイツは機動装甲対空車両２５１／21を三八七両生産した。四四年七月にモーゼル社の三連装一・五センチ機銃と機銃架を２５１Ｄ型車上に搭載したが、当初の光学照準器はのちに簡易な手動リング式に代わった。砲手が室内の右に座り左側ベンチ席は撤去されて二名用の分離席となった。車内後部に四〇〇発大型弾薬格納箱と二個の二五〇発小型弾薬格納箱がありＭＧ42機銃は残された。四四年八月から一二月まで生産され後に強力な二センチＭＧ１５１に交換されたが四五年二月以降の生産記録は見られない。

Ｓｄｋｆｚ・２５１／22・七・五センチ対戦車砲搭載車

Ｓｄｋｆｚ・２３４重装甲車と同様に七・五センチ対戦車砲を搭載して二六八両が生産され駆逐戦闘車（パンツァーヤーガー）として用いたが過荷重だった。車体後部上に前方から後方へ傾斜する二本の重鋼材上に砲架を設けて旋回角が得られるように砲防盾は改良され、ドライバー頭上の一部は撤去されて射撃時の砲の反衝スペースとなった。内部は大幅修正で車長席と小銃架は撤去された。車体外部に移動時の火砲の固定架と内部弾薬格納庫が設けられ四名乗員でＭＧ42機銃を装備した。フォマーグ社で四四年一二月から生産開始だが四五年二月にソビエト軍の手中に落ちた。フォマーグ社は戦場で電話中継車の２５１／19を２５１／22へ改修すべく努力した。

Ｓｄｋｆｚ・２５１／23

八輪重装甲車の砲塔と二センチ戦車砲を搭載した型で少数が一九四四末に製造された。

Ｓｄｋｆｚ・２５０軽装甲兵員車

中型装甲兵員車２５１を小型化した２５０はデマグ社で一九三九年に試作車両が開発された。一トン・タイプの半装軌牽引車車台にビューシング社の装甲車体が搭載された。目的別に確認されただけでも一二種ほどあり、基本は乗員二名と半個機関銃分隊（四名）の兵員輸送用で前方装輪の後方履帯式で急速旋回は履帯ブレーキ操作で行なった。車台はデマグ、アドラー・ヴェルク、ビューシング、コットバスのメカニッシュ・ヴェルケで生産され、装甲車体は数社で生産されたが各社の能力によりリベット構造と溶接構造があった。組み立てはビューシング、ドイッチュ・ヴェルケ、エヴアンス・ピストーレで行なわれたが後発メーカーのヴェザーヒュッテ、ヴェグマン、フォマーグが参加して生産速度を上げた。

２５０はＡ型（アルテ＝旧型）とＢ型（ノイ＝新型）があり、アルテは約四三〇〇両でノイも二四〇〇両生産された。装甲車体はSdkfz・250／ZとSdkfz・250／Eの二種があり前者はヘッドライトがエンジン区画側面にあり、後者は車両前方設置で比較的容易に識別できた。四三年中期から渡渉性改良の新設計装甲車体が導入され、主要構成部一九は九つに整理され生産性が向上してノイと称された。なお、旧型車体も新型車体も仕様は基本的にほぼ同じだった。

Sdkfz・250軽装甲兵員車

当初、車体はリベット留めと溶接混合構造だったが四四年中期から全溶接になり、基本車両はSdkfz・250／1と称された。生産態勢の変更で四二年六月にビューシング社は250の組み立てを中止した。四三年七月にウェザーヒュッテとフォマーグ社も中型装甲兵員車Sdkfz・251の生産指令で本車の組み立てから外れ、翌四四年二月からドイッチュ・ヴェルケも251の生産に加わった。このためにエヴァンス社とピストーレ社のみが250の生産を続行した。250は搭載量により二種あり半個機関銃分隊兵員車はMG34機関銃と弾薬二〇一〇発を搭載した。もう一種は同数輸送の機関銃分隊支援車である。MG34機銃は四三年に新型のMG42機関銃と交換された。戦争終了時までに六七〇〇両が生産されたが汎用性が高く全戦線で多くの任務についた。

Sdkfz・250／2軽装甲電話線敷設車

250／2は軽通信班用で電話装置、配電器、電話ケーブル・ドラムを搭載した。四三年一一月～四四年四月までの生産数の三パーセントがこの型だったが同年一〇月に生産中止となるも軽野戦電話部隊の使用車として活動した。

Sdkfz・250／3軽装甲通信指揮車

まだ無線通信機材が一般的でない時代にドイツ軍は当時の最新技術による無線通信を重要な戦術とし、初期の250／3は軽装甲通信指揮車となった。使用部隊、搭載通信器などにより四種の派生型が見られた。たとえば、機械化（自動車化）部隊配備の場合、陸軍標準無線機のFuG12を燃料タンク上に装備して250／3—Iと称した。FuG12は中波送受信機で毎秒八三五～三〇〇〇キロサイクルで、送信機は八〇ワットで一一二〇～三〇〇〇キロサイクル波である。初期型は二メートル長ロッド・アンテナだが後に星形アンテナを装備した。右前方装備アンテナは車両間通信用で指揮用アンテナは車両後部に設置された。これらの通信器材はアルテ（旧型）、ノイ（新型）とも同じである。

250／3のもう一種は特別な極超短波（FuG7VHF）無線セットだが二〇ワット送信機は四二一〇〇～四七八〇〇キロサイクル波で用いられた。空軍の支援を受ける場合は五〇キロ範囲通信用の無線セットと二メートル長ロッド・アンテナ装備で250／3—IIと称した。空軍は空軍野戦師団指揮本部とリンクする軽装甲兵員通信車（空軍車両はWLのライセンス・プレート）として250／3—IIIを用いて中波のFuG4受信機と、FuG8送受信機セットを搭載した。FuG8送受信機セットのc型は作動範囲が八三五～三〇〇〇キロサイクル波で、b型は五三〇～三〇〇〇キロサイクル波である。FuG8セットの初期型は大型フレームアンテナ装備で通信範囲は四〇キロだった。フレームタイプ・アンテナは後に八メートル長のマスト型アンテナと星形アンテナとなり通信範囲が五〇キロに向上した。四種目の車両は２５０／３―Ⅳで同じ中波無線のＦｕＧ８と短波送受信機で戦車の標準無線セットだった。

Ｓｄｋｆｚ・２５０／４軽装甲指揮車

空軍の対空車両（フラックワーゲン）として連装ＭＧ34機銃搭載だったが、生産直前の四三年に変更されて突撃砲や自走砲の管制／観測車として生産された。ＦｕＧ15とＦｕＧ16無線セットを搭載し、武装はＭＧ34かＭＧ42である。

Ｓｄｋｆｚ・２５０／５―Ｉ軽装甲砲兵観測車

一九四一年六月に砲兵用の軽装甲観測車が計画されたが、生産中の密閉兵員室のＳｄｋｆｚ・２５３（本項末参照）が影響を与えて砲兵用か偵察用に二種の無線セットが装備された。砲兵用はＦｕＧ６とＦｕＧ２無線セットで装甲偵察部隊用はＦｕＧ12無線セットだった。戦争の進展とともに搭載無線も変化し、のちに軽装甲砲兵観測車にはＦｕＧ８セットが装備された。

Ｓｄｋｆｚ・２５０／５―Ⅱ軽装甲砲兵観測車

本車はＦｕＧ４と隊内無線（ＦｕＧ　Ｓｐｒ　Ｇｅｒ　ｆ）搭載だが八〇ワット送受信機のＦｕＧ12が加えられた。一九四四年のこの仕様変更により２５０／５―Ｉと２５０／５―Ⅱとなった。

Ｓｄｋｆｚ・２５０／６軽装甲弾薬運搬車

四一年に正式化された突撃砲部隊用の軽装甲弾薬運搬車（Ａ―アルテ）である。後述の弾薬運搬専用のＳｄｋｆｚ・２５２軽弾薬運搬車と同任務だったが生産されず、標準型の２５０／１に軍が特別な二種の弾薬架キットを工場で装備して供給した。Ａキットは二発梱包の七・五センチ榴弾七〇発で、Ｂキットは単発七・五センチ四〇突撃榴弾六〇発だった。

Ｓｄｋｆｚ・２５０／７軽装甲重迫撃砲搭載車

中型兵員車２５１／２で成功した八センチ重迫撃砲34を小型の２５０へ搭載したがＡ（アルテ）とＢ（ノイ）車体両方が使用された。さらに、分隊指揮車、小隊／中隊指揮車、弾薬車の三種があり迫撃砲設置板と照準具を車体右後部に格納した。また、八センチ迫撃砲弾六六発搬送という優れた弾薬車となった。後部機関銃搭載で前方機銃架は迫撃砲の弾道上の理由で撤去され通常は二両で重小隊の迫撃砲分隊を構成した。

Ｓｄｋｆｚ・２５０／８軽装甲七・五センチ砲搭載車

Ⅳ号戦車が長砲身七・五センチ砲搭載となり旧型短砲身七・五センチ砲が余剰になった。そこで、２５０兵員車の前方機銃架を撤去し、内部も抜本的に改造してⅢ号突撃砲の砲架にこの砲を搭載して歩兵支援車とした。最初の五七両供給は四三年一二月で数席撤去と無線セットの再配置で乗員は三名となり弾薬二〇発を搭載したが、重い七・五センチ砲搭載で重量六・三トン、全高も二・〇七メートルになった。本車は主に軽装甲偵察中隊の第四小隊に装備された。

Ｓｄｋｆｚ・２５０／９軽装甲偵察車

四二年三月採用でＳｄｋｆｚ・２２２四輪軽装甲車の二センチ戦車砲とＭＧ34機銃装備砲塔がグスタフ・アッペル社で搭載され同機能の四輪装甲車より不整地走行性に優れると期待された。

Ｓｄｋｆｚ・２５０／10軽装甲三・七センチ対戦車砲搭載車

小隊火力増強の重火力支援車でＡ（アルテ＝旧型）、Ｂ（ノイ＝新型）両車が用いられた。前方機銃を撤去して三・七センチ対戦車砲を搭載したが射角は左右各三〇度で搭載弾薬は二一六発である。後部ＭＧ34機銃用弾薬は一一〇〇発で、乗員は車長、ドライバー、砲手、装填手の四名である。この砲は初期に有効だったが、ロシア戦で強装甲戦闘車両に遭遇してドア・ノッカー（扉叩き）と揶揄されるほど急速に旧式になり一五〇両ほどで生産中止となった。

Ｓｄｋｆｚ・２５０／11軽装甲重対戦車銃41搭載車

小隊長車としてもう一種、二・八センチ重対戦車銃（パンツァビュクセ41）対戦車兵器搭載車が試みられた。先端にかけて細く絞られた銃身からタングステン芯弾の高初速発射で貫通力を増した口径漸減砲である。優れた兵器理論とは別に貴重資材のタングステンが不足し、また、脆弱性、狭い戦闘範囲、非有効性により四四年一月に中止された。武装はＭＧ34かＭＧ42機銃で弾薬は一一〇〇発、口径漸減砲弾は一六八発だが対戦車銃を地上に降ろして戦闘を行なうための銃架も運んだ。

Ｓｄｋｆｚ・２５０／12軽装甲砲兵観測車

砲兵観測車（小隊長）で当初砲兵指揮車、砲撃警告車、小隊音源評定車、小隊砲撃閃光観測車などが予定されたが四四年一月に中止され一五両ほど製造されただけだった。

Ｓｄｋｆｚ・２５２軽装甲弾薬運搬車

突撃砲の小型装甲弾薬運搬車で輸送トラックと突撃砲の間を往復して弾薬補給を行なった。四〇年六月～八月にデマグ社とウェグマン社で三〇両ほど製造されたが、軽装甲兵員車の〝２５０／６〟が当該役割を担ったので生産は中止された。だが、その後、四一年中にドイッチェ・ヴェルケで約四〇〇両が生産された。デマグ一トン装軌車の車台を少し短く、密閉式装甲車体を搭載、強い後部傾斜で重量を減量し、バランス上、転輪を一個減じた。弾薬輸送量を増加させるべくトレーラー（ゾンダー・アンヘンガー31／1）を牽引した。本車は四四年初期には残存車はなかったようである。

Ｓｄｋｆｚ・２５３軽装甲観測車

三七年に突撃砲の支援に必要な装甲弾薬車と装甲砲撃観測車が計画された。車台はデマグ一トン装軌車の全長を短縮して転輪も一個少なくし、四〇年～四一年にかけてデマグ社とウェグマン社で約四〇〇両が生産された。完全密閉装甲車体で乗員は車体上部の大型円形ハッチ上から身を乗り出して観測し、右側面の無線アンテナは不使用時に前方へ折り畳んだ。フランス電撃戦初期からロシア侵攻戦において突撃砲兵部隊で用いられた。

半装軌牽引車
(Zugkraftwagen)

1944年晩秋、東欧のハンガリー・ブダペストを行く12トン牽引車（Sdkfz. 8）だが車体前方部を装甲板で防護し、応急の迷彩塗装を施して車上には連装2センチ砲を搭載、後方に対戦車砲を牽引している。

重量順に並ぶ半装軌牽引車で手前から重・中型18トン（Sdkfz. 9）、中型12トン（Sdkfz. 8）、中型 8 トン（Sdkfz. 7）、中型 5 トン（Sdkfz. 6）、軽 3 トン（Sdkfz.11）、軽 1 トン（Sdkfz.10）でドイツ・ハーフトラックの勢揃いである。

【軽1トンSdkfz.10】

ルールのデマグ社が兵員輸送と砲牽引用に開発した軽半装軌牽引車 1 トンSdkfz.10（D 7） は1939年採用で44年までにデマグ、メカニッシュ・ヴェルケ、ザウエル・ヴェルケ、アドラー、ビューシングとフランスのメーカー数社で25000両が生産された。

左）34年にデマグ社で最初に開発された 1 トン型半装軌牽引車の試作車両でデマグD11-1 と呼ばれた。その後D11-2 、D-11-3 、D11-6 、D11-7 と続くがD-7 が正式採用となった。右）1942年／43年の冬季ロシア戦線で 5 センチ対戦車砲（PaK38）を牽引する 1 トンSdkfz.10である。この車体は既出の軽装甲兵員車Sdkfz.250の車台として約7500両が使用された。

１トンSdkfz.10牽引車が牽引するのは２種の異なる口径弾が発射できる28センチ／32センチ・ロケット発射器である。ロケット弾（榴弾）は広範囲におよぶ威力があったが短射程と低い着弾精度のために決定的な制圧兵器にならなかった。

デマグ社オリジンの軽１トンSdkfz.10／４で２センチ機関砲搭載の派生型対空車両で約600両が生産された。なお、１トン型シャシーはボディ・タイプ、トーションバー式懸架装置、前方起動輪履帯駆動、および前方装輪（車輪）操舵である。

ロシア戦線における3.7センチ対戦車砲(PaK35/36)を搭載し対戦車自走砲として用いた１トンSdkfz.10で左フェンダー上の前照灯下に第７装甲師団を示す〝Y〟記号のマーキングが認められる。

5センチ対戦車砲（PaK38）を搭載した1トンSdkfz.10でエンジン部などに増加装甲を施して軽駆逐自走砲の役割を果たした。写真はロシア戦線であるがフェンダー上の〝G〟文字はグデーリアン装甲集団所属を示している。

【軽3トンSdkfz.11】

軽3トンSdkfz.11半装軌牽引車はハンザ・ロイド・ゴリアテ社（のちボルグワード）で開発された後にハノマグ社で発展してアドラー社、アウト・ウニオン社、スコダ社など6社で約10000両が生産されたベストセラー車である。

北アフリカ戦線のリビヤ砂漠で10.5センチ野戦榴弾砲を牽引する3トンSdkfz.11。高い汎用性により多連装ロケット発射架牽引車、化学汚染除去車、救急装備車、長距離補給車など多任務に利用された。有用だが複雑な構造が量産性を阻害したと評される。

カンバス製の幌で兵員室を覆った軽3トンSdkfz.11。ドイツ半装軌牽引車はデザインが酷似して外形的識別がなかなか難しいが皿型転輪の孔の形状と数がひとつの識別点であり3トン型は丸孔が8個である。

上）3トンSdkfz.11ロケット弾補給車で1943年のロシア戦線で28センチ・ロケット弾を搬送している。下）陸軍の初期に存在した化学戦部隊（毒ガスや化学剤汚染除去車）はのちにロケット弾発射部隊となり多連装ロケット発射筒を牽引した。

1933年～36年に騎兵部隊の機械化が行なわれ偵察部隊用にラインメタル社で開発された車両。転輪類の形状が異なるハンザ・ロイド・ゴリアテ（のちにボルグワード社）の3トン車をベースに70口径3.7センチ砲を搭載して1両だけ試作された。

【中型5トンSdkfz.6】

兵員席3列12名を輸送する中型5トンSdkfz. 6半装軌牽引車でビューシング社（BN18）とダイムラー・ベンツ社（DB18）で生産された。最終型はエンジン改正のビューシング社BN 9となり、以降は生産簡易型のsWS（国防軍重牽引車）の生産へ移行する。

河川用の軽舟艇を牽引する中型5トンSdkfz. 6半装軌牽引車。1935年のビューシング5トン車はBN15（DB社はDB15）と称して橋梁運搬、渡河橋運搬など工兵用の車両も製造した。1936年のBN17（DB17）がSdkfz. 6となった。

5トン（Sdkfz. 6）の後部を改造し大型の鋤（すき）を装備した開鑿車でロシア戦線で歩兵用の塹壕を掘っている。

中型5トンSdkfz. 6（ビューシングBN 9）の車上にソビエト捕獲の7.62センチ対戦車砲を搭載し、1941年に9両が転換され北アフリカ戦線の605駆逐戦車大隊がガザラ戦で用いた。

左）ロシア戦線で15センチ野戦榴弾砲（FH18）を牽引する中型5トンSdkfz. 6半装軌牽引車だがトラックのような荷台に幌を装備している。ビューシング社ではBNL 5、BNL 7、BNL 8と続き戦時モデルはBNL 9で6325両が生産された。
右）ロシア北方のレニングラード戦線における中型5トンSdkfz. 6対空車だが識別点の〝卵型8孔皿型転輪〟が認められる。この車両は3.7センチ対空砲（FlaK36）を搭載するが、すでに23機ほどの撃墜マークが砲防盾部に描かれている。

５トンSdkfz.６を対戦車自走砲（Ⅱ型）化した車両であるがエンジンを後部に配置して7.5センチ砲を搭載した２両が北アフリカ戦線へ送られただけだった。アフリカ軍団で実戦運用中の本車の写真は珍しい。

1934年～36年に開発された５トン半装軌車に対戦車砲を搭載した車両は２種あり、40.8口径7.5センチ砲の砲口制退器の無いのがⅠ型で、写真はⅡ型を示すが３両が試作されただけだった。

当時、革新的な兵器だったＶ２ロケットの装甲管制車で発射や軌道観測などに用いられた。５トン半装軌車の試作車の１両から改造されたものだが量産車と比べると転輪の形状などが異なっていることがわかる。

【中型8トンSdkfz.7】

クラウス・マッフェイ社開発のKmM 8の改良型であるKmM11が 中 型8トン Sdkfz. 7 半装軌牽引車となり1個分隊の兵士12名を輸送した。本車の派生型として対空砲搭載Sdkfz. 7 ／1と7 ／ 2などがあった。

ロシア戦線で8.8センチ対空砲（FlaK18）を牽引する8トンSdkfz. 7 で砲弾を車両後部に搭載した。興味深いことに北アフリカ戦線での捕獲車両を参考にして英陸軍の要請で本車のコピー生産が試みられて44年に6両の試作車が完成したが生産に入らなかった。

8 トンSdkfz. 7 / 1 対空砲搭載車で 4 連装 2 センチ対空砲（FlaK38）を搭載した。この砲は海軍用（Uボートや艦載砲）に開発された威力ある砲であり地上部隊でも使用した。

1944年にハンガリーのブダペストで警戒に当たるドイツ空軍対空砲部隊の８トンSdkfz.７／１だが、前掲車両と異なり車両前面や乗員室に８ミリ厚の防護用装甲板を装備している。なお、対空車両の周囲にハンガリー兵士が物珍しげに集まっている。

最大射程2000メートルの単装3.7センチ対空砲（FlaK36）を搭載した無装甲タイプの８トンSdkfz.７（７／２と称した）対空車両で中高度で来襲する敵機に対してかなりの効果を示した。

右後方に煙を吐く煙突が多数見える工場地帯で連合軍の来襲機を警戒する装甲型の8トンSdkfz. 7（7/2タイプ）で3.7センチ砲を搭載する装甲型だが車体側面板を左右に開いて戦闘スペースを確保している。車両後方に弾薬などを運ぶトレーラーも見られる。

この車両は8トンSdkfz. 7の火砲牽引車で1939年に駆逐戦車大隊の8.8センチ砲（FlaK18/36）の牽引用に製造され乗員と戦闘員保護ための8ミリ厚の装甲を有する車体だった。1940年5月のフランス戦線である。

8トンSdkfz. 7の量産車の車台を用いたV-2ロケットの特殊な管制車（Zgkw 8t）で車内には多くの電気機器を搭載し車体後部のコネクター口とV2ロケットをケーブルで接続して電力を送り発射を制御した。

【重・中型12トンSdkfz.8】

12トンSdkfz. 8 半装軌牽引車はダイムラー・ベンツで設計生産された車両で1939年までの生産車はDB 7、8、9 であり、それ以降44年まではDB10である。後部に牽引火砲の弾薬12トンを搭載し、牽引力は14トンあり重砲も牽引した。

ロシア戦線の泥濘地でフランス製ルノーAGK 6 トン・トラックを牽引するカンバス製幌を掛けた12トンSdkfz. 8。最終型のDB10は40年に510両、41年828両、42年840両、43年507両、44年602両の計3293両が生産された。

12トンSdkfz. 8 に8.8センチ対空砲（FlaK18）を搭載した自走砲化車両でクルップ社とファモ社で39年～40年に10両が製造された。第 8 重駆逐戦車大隊に装備されて1939年のポーランド戦、40年のフランス戦で使用された。

【重18トンSdkfz.9】

18トンSdkfz. 9半装軌牽引車はドイツ最大の重量級でファモ社にて設計開発され約2500両が生産された。兵員輸送時は30名乗車、２～３両連結でティーガー重戦車牽引あるいは重量24トンの17センチK18榴弾砲なども牽引した。

北アフリカのリビヤ砂漠で英軍に捕獲された18トンSdkfz. 9が英軍の20トン・クルセーダー巡航戦車を牽引しているが特徴ある円形８穴の皿型転輪が認められる。本車は４年間で約1700両が生産された。

1942年のロシア戦線で重量21.5トンのⅢ号戦車J（前期型）を牽引する18トンSdkfz. 9だが戦車を搭載する輸送トレーラーも牽引した。250馬力のマイバッハHL108TUKRMエンジンを搭載した。

ロシア戦線で重量57トンのティーガーⅠ重戦車を18トンSdkfz. 9を3両連結して牽引している。1943年後半から登場した本格的な戦車回収車ベルゲパンターも200両と数量が少なく18トン半装軌車はずっと重要な役割を担いつづけた。

18トン車にはクレーン搭載車が2種あった。写真は1940年中の転換車両で車体後部をフラットにして180度旋回可能なビルシュタイン社製の6トンクレーン搭載車でSdkfz. 9／1と称した。

Ⅲ号戦車L型の砲塔を吊上げて整備中の10トン電動クレーン装備の18トンSdkfz. 9／2で40両ほど転換されて重機材の搬送や戦車などの整備に用いられた。重量は27トンあり棒状ジブ・クレーンを備えている。

1943年以降は連合国空軍の脅威がドイツにとって深刻になりさまざまな機動対空砲が考えられた。既述の12トン型8.8センチ搭載対空車の進化型ともいえる18トンSdkfz. 9 を装甲化して8.8センチ対空砲（FlaK18）を搭載した車両である。

ドイツに併合されたチェコのプラガ社が生産したT-6 牽引車で 6 トン・ウィンチ搭載で牽引力も6.5トンあり国防軍と武装親衛隊で用いた。後方に牽引するのは60センチ・カール臼砲の一部と思われる。

#【マウルティーア(驢馬)】

東部戦線の多連装15センチ・ロケット砲42搭載マウルティーアでMG42機銃を車上前方に装備し34.15キロ榴弾（射程7000メートル）と35.5キロの煙弾を発射する。43年〜44年にネーヴェルヴェルファー（煙弾＝ロケット弾）旅団を編成した。

ロケット砲搭載のマウルティーア（驢馬＝Sdkfz. 4／1）は簡便で重量を減じて積載量を増すホルストマン型履帯／懸架装置（KHD社）を有するオペル社の３トン型ハーフ・トラックがベースで43年〜44年に約300両と弾薬輸送車も289両が生産された。

左）289両生産されたオペル・マウルティーア弾薬輸送型のプロトタイプである。右）1945年４月、ハノーファー付近のツェレの森で英第15スコティッシュ師団が捕獲したオペル・マウルティーア弾薬輸送型で右端は30センチ・ロケット牽引発射架56である。

24連装の8センチ・ロケット発射架を搭載したオペル・マウルティーアのプロトタイプ車両で少数が武装SS部隊用に製造されたがソビエトの有名なカチューシャ・ロケット発射架（RS82ロケットとM8発射架）を捕獲あるいはコピーして搭載した。

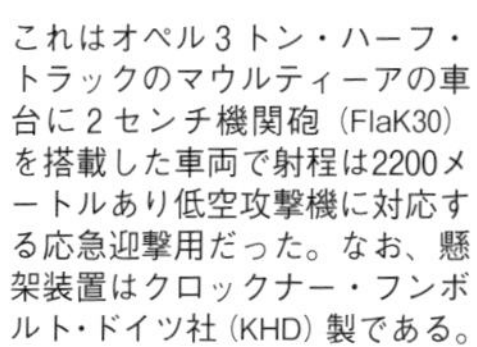

これはオペル3トン・ハーフ・トラックのマウルティーアの車台に2センチ機関砲（FlaK30）を搭載した車両で射程は2200メートルあり低空攻撃機に対応する応急迎撃用だった。なお、懸架装置はクロックナー・フンボルト・ドイツ社（KHD）製である。

ロシア侵攻戦の泥濘に苦しむドイツ軍はオペル、DB、フォードなどで開発させた一連のハーフ・トラック系統をマウルティーアと称した。写真はオペル・3トントラック（3.6–36S）を装軌車台と交換した安価なマウルティーア（Sdkfz. 3 a）である。

DB社の4.5トン・ハーフ・トラック（Sdkfz. 3/5）マウルティーアで高重量に耐えるためにⅡ号戦車の駆動系統が用いられDB社の112馬力６気筒ディーゼル・エンジンを搭載した。

【重国防軍半装軌牽引車(sSW)】

従来の半装軌車は第１世代で後述するHKシリーズは第２世代でこの重国防軍半装軌牽引車（sWS）はいわば第３世代牽引車である。重国防軍半装軌牽引車は1942年５月のヒトラー指令でビューシング社が開発した低速だが生産容易な東部戦線用の貨物運搬／牽引用の簡易型である。

重国防軍半装軌牽引車（sWS）であるが7000両以上が発注されたがビューシング社とチェコのタトラ社で1943年末～45年初期までに825両の生産にとどまった。走行装置後端にある誘導輪で履帯展張の調整を行なった。

重国防軍半装軌牽引車（sSW）の装甲化型で兵員輸送と火砲牽引などに用いられたがエンジン部と前方乗員室を10ミリから15ミリ厚装甲板で覆い防護した。また、アドラー社開発の装甲兵員車（HKp602）もあったが３両のみの試作に終わった。

左）重国防軍半装軌牽引車（sSW）の対空戦闘車化型で3.7センチ対空砲（FlaK43）を搭載した。右）sSWに10連装15センチ・ロケット発射筒を搭載した少数改造車両である。

フォルクスワーゲンVW82野戦乗用車を半装軌化した試作車両で42年に７種製造されたVW155だが未生産だった。試作型は155-０、155-２、155-３、155-３a、155-４a、155-４b、155-４cの７種で写真はVW155／３aである。

【第2世代半装軌牽引車】

上）それまでの半装軌車の経験を生かした次世代型装軌車開発が1930年代に各社で行なわれアドラー社はHK300シリーズ（Aシリーズ）を開発したが大量生産されなかった。写真はHK301で兵員搭載の軽半装軌車の試験車。上から２番目）1938年のアドラーAシリーズの３トン・タイプA１の試作車。

下から２番目）ハノマグ社/デマグ社共同開発のHK601（デマグ型は605）の試作車で乗員数は８名でハノマグ・マイバッハ自動変速機を装備し、ハノマグ型は７両、デマグ型は30両が製造された。下）1941年に12トンと18トン車の更新を意図したHK1601でダイムラー・ベンツ社の試作型である。

半装軌牽引車（ツークラフトワーゲン）（ハーフトラック）

軽・中・重半装軌牽引車

一九二〇年代末～三〇年代初期のワイマール陸軍はビューシング、ダイムラー・ベンツ、クラウス・マッフェイの自動車製造各社と軽一トン、三トン、中型八トン、重・中型一二トン、重一八トンの軍用半装軌牽引車の開発契約を交わした。六気筒エンジン搭載で履帯長を可能な限り長くとり公道走行用のゴム付履帯パッドの標準装備など幾つかの仕様が示された。全体計画と基本設計は陸軍兵器局兵器六課の戦闘車両設計班が指導した。三六年以降、第六課在籍の著名な戦車設計家ハインリッヒ・エルンスト・クニープカンプ技師長が特徴的な複合転輪システムで主導的役割を果たし、最初に三トンと八トン・タイプ試作車二両が完成した。これは、ブレーメンのハンザ・ロイド・ゴリアテ社で製造され砲兵用軽三トン牽引車「Ｈ・Ｋｌ・２」と、もう一種、前輪駆動トラック・タイプ幌付き七・五センチ砲牽引型の「Ｈ・Ｋｌ・４Ｈ」である。前者は二次大戦中の多種のドイツ半装軌牽引車の先駆的車両で後に標準型のＳｄｋｆｚ・11へ発展する。一九三五年のヒトラーの再軍備宣言と急ピッチな軍備拡充により優れた路外走行性能を有する半装軌牽引車と装甲兵員車の発展は目覚ましく概略特徴を以下に列挙する。

◎九〇～二三九馬力までのマイバッハ六気筒Ｖ12エンジン搭載。

◎スポーク・タイプ転輪。

◎牽引力向上目的で履帯長が車台全長の四分の三に及び良好な路外走行性能を示したが車両機構が複雑で保守管理を難しくした。

◎ニードル・ローラー・ベアリング（加工精度の高い軸受け）履帯に公道走行用の着脱式履帯パッドが用いられた。

◎懸架装置はトーションバー方式を採用。

◎前方装輪後方履帯で前方起動輪、ゴム付き複合式大型走行転輪で後部誘導輪は履帯の伸縮調整機能を有した。

◎操舵はフランス源流のクレラック・タイプ・デファレンシャル・ステアリング（差動装置）と前輪操舵の組み合わせ。

◎車内は前方操縦席で二、三、四列座席に六～一三名の完全装備兵士を輸送し、最後部席は弾薬箱や工具ロッカーである。

◎前方左右の乗降口覆いはカンバス製だったが、のちに鋼製ドアになった。

◎半装軌牽引車はオープン（解放式）タイプでカンバス幌を用いた。

自動車工学的な信頼性と耐久度があったが生産工場は労働集約型産業でコストがかかった。他方、前線では脆弱で損害も多く数量は常に不足してドイツの軍需産業は膨大な生産要求に応えられなかった。種類は多く簡便な一トン牽引車から巨大な一八トン重牽引車まであったが外観が類似で識別は難しく、とくに五トン（Ｓｄｋｆｚ・６）と八トン（Ｓｄｋｆｚ・７）タイプは酷似していた。外観的に転輪数や重量減のために開けられた穴の数と形状で型の識別ができた。整理すれば軽、中・重の基本三種と積載量により六種に分類できる。

①軽半装軌牽引車＝軽一トン・Ｓｄｋｆｚ・10（デマグ社）、軽三トンＳｄｋｆｚ・11（ハンザ・ロイド・ゴリアテ社）。

②中型半装軌牽引車＝中型五トン・Ｓｄｋｆｚ・６（ビューシング社）、中型八トン・Ｓｄｋｆｚ・７（クラウス・マッフェイ社）。

③中・重半装軌牽引車＝中・重一二トン・Ｓｄｋｆｚ・８（ダイムラー・ベンツ社）、重一八トン・Ｓｄｋｆｚ・９（ファモ社）。

さらに基本車種から転換された多種の派生型があり、かならずしもオリジナル製造会社が独占生産企業ではなく、他社あるいは多数の下請け会社によって生産された。

半装軌牽引車は本来、戦闘車両ではなかったが汎用性から実戦任務でも使用され、重迫撃砲、機関銃、弾薬などを前線に輸送し、結果的に装甲車に代わって偵察任務にもついた。また、戦車回収車、工兵車、野戦救急車、砲兵観測車、機動指揮所などにも活用されたが、戦場の拡大がさらなる変化をもたらして自走砲化が一つの方向性となり、兵員席や各種機器撤去で火砲を搭載した。四三年以降は広範囲な防御戦となり半装軌牽引車も直接戦闘に関わるようになった。このために装甲化された車体、煙幕発生器、火炎放射器、重迫撃砲、対空砲、そして、ロケット砲（ヴルフケルパー）搭載などで戦闘車両化された。

一トン軽半装軌牽引車デマグＤ７（Ｓｄｋｆｚ 10）

一トン・タイプは一九三四年開発で二次大戦終了までデマグ社で生産された。ＢＭＷ四二馬力エンジン装備の一トン・デマグＤⅡ３が三七年〜三九年まで生産のデマグ・タイプＤ６の源流で、その発展型が著名なデマグＤ７である。三九年から四五年まで生産されて一〇〇馬力六気筒マイバッハＨＬ42ＴＲＫＭエンジンと半自動変速機を装備し、油圧ブレーキと機械式ハンドブレーキを備え懸架装置はトーションバー方式である。小型低姿勢で有効搭載量は一・五トン、牽引力も一トンで路上最大時速六五キロだった。燃料消費は路上一〇〇キロ走行で三八リットル、不整地で同距離六七リットル、航続距離は路上で三〇〇キロ、路外で一七〇キロである。通常はドライバーを含み八名乗車で兵員輸送、弾薬搬送、戦場への小型火砲搬送を行なった。なお、既述のＳｄｋｆｚ・２５０小型装甲兵員車の車台もこのデマグＤ７だった。

一トン・タイプ車の戦闘車両化

◎Ｓｄｋｆｚ・10／1＝化学戦（毒ガス）対策装備搭載車。ただし一次大戦時の毒ガスの恐怖経験の影響が大きく、二次大戦中ドイツは報復を恐れて毒ガスを使用しなかった。

◎Ｓｄｋｆｚ・10／2＝毒ガス汚染除去装備車。

◎Ｓｄｋｆｚ・10／3＝化学戦専用散水車。

◎Ｓｄｋｆｚ・10／4＝二センチ対空砲搭載車で高度四〇〇〇メートルまで有効。軽装甲で後部がフラットな車体上で三〜四名の砲員が活動した。

Ｓｄｋｆｚ・10／5は多種の軽砲搭載架の積載型だが前線でも幾種かの武装を搭載した。

三トン軽半装軌牽引車（Ｓｄｋｆｚ・11）

三トン・タイプの主生産社はハノマグ社で２５１中型装甲兵員車を含めて六一七〇両を生産している。また、ハンザ・ロイド・ゴリアテ（のちにボルグワード社）、アドラー、アウト・ウニオン、ワンダラー、スコダの各社で生産された。マイバッハＮＬ38エンジン搭載で四速変速機にサーボ支援のフートブレーキとトーションバー懸架装置である。武装兵員八名輸送で積載量一・五五トン、牽引力は三トンまでで路上最高時速は五二キロ、燃料消費は路上一〇〇キロ走行で四五リットル、不整地一〇〇キロ走行で七五リットルだった。航続力は路上走行二四〇キロで不整地一四〇キロである。四一年以降一〇・五センチ軽野砲、一五センチと二一センチ・ロケット発射筒、二輪トレーラーなどを牽引した。

三トン軽半装軌牽引車の戦闘車両化

◎Ｓｄｋｆｚ・11／1は煙幕発生装置（のちに多連装ロケット発射器）牽引車。
◎Ｓｄｋｆｚ・11／2は化学戦を意図した毒ガス汚染除去装置搭載車。
◎Ｓｄｋｆｚ・11／3は化学戦用散水車。
◎Ｓｄｋｆｚ・11／4は煙幕発生車。
◎Ｓｄｋｆｚ・11／5はロケット発射器のネーベルヴェルファー41用の榴弾三六発輸送弾薬車。

また、キャラバンタイプ車体を有する一トン、三トン車が特殊救急車として用いられたが四〇年夏に英空軍に撃墜された航空兵救急用だった。救急隊はオランダ、ベルギー、北フランスの海岸や砂丘地で活動できる半装軌牽引車を使用してフィゼラーＦｉ１５６シュトルヒ連絡機と連携して海岸部をパトロールした。

五トン中型半装軌牽引車（Ｓｄｋｆｚ・6）

中型は五～八トン・タイプでビューシングとクラウス・マッフェイ社が一九三四年に試作車を完成させて五トンＳｄｋｆｚ・6となりマイバッハＮＬ35六気筒エンジン搭載だが、以降、すべての半装軌牽引車は同じレイアウトとなった。五トン・タイプはフロント・アクスル（前軸）とアッカーマン・タイプ操舵にリーフスプリング懸架方式である。重量の大半は長大な履帯部分が占め、履帯板は高品質鋳造性で孔を開けて重量軽減が図られた。前方起動輪方式で変速機は前進八速後進二速、前方二輪の丸ハンドル操舵で急旋回は履帯ブレーキで前輪を補助した。フットブレーキ、ハンドブレーキは通常型で履帯と起動輪ブレーキを状況に応じて使用した。初期型転輪はプレス製で片側四個一組だがのちに六組となり、懸架装置はトーションバー方式で後部に誘導輪を配して履帯展張調整も行なった。

五トン型は火砲牽引と突撃工兵用車両としてビューシング社で設計され、のちに四列兵員搬送用と一〇・五センチ榴弾砲牽引車となり、最後部席は側面が外側に開く弾薬格納部に改装された。三五年にＢＮ Ｌ5、三六～三七年にＢＮ Ｌ7、三八年にＢＮ Ｌ8、三九～四三年の改良軍用型ＢＮ Ｌ9が生産され、重量八九〇〇キロで積載量五トン、路上最大時速五〇キロだった。燃料消費量は路上一〇〇キロ走行で燃料六〇リットル、不整地一〇〇キロで一二〇リットル、航続距離は路上で三一〇キロ、不整地なら一五〇キロである。砲兵用は兵員一〇名を輸送し工兵用は装備とともに一五名を輸送した。クラウス・マッフェイ社とダイムラー・ベンツ社もこの車両を生産し、三九年にドイツへ併合のチェコスロバキアのプラガ社でも生産された。のちの生産型はエンジン出力向上が図られたが他は概ね同じである。

五トン中型半装軌牽引車の戦闘車両化

◎Ｓｄｋｆｚ・6／1はＦＨ18野戦榴弾砲牽引。
◎Ｓｄｋｆｚ・6／2＝二センチか三・七センチ対空砲搭載車。

◎Ｓｄｋｆｚ・6／2＝同番号分類の自走駆逐車。この車両は箱型装甲車体がヒンジで左右に開きソビエト捕獲砲の七・六二ミリ対戦車砲を搭載した。乗員五名で重量一〇・五トン、最大時速路上で五〇キロ、航続距離二二五キロ、装甲厚は三～五ミリで、弾薬六四発を携行して別トレーラーに二〇〇発を搭載した。一九四二年に九両が北アフリカ戦に投入されて第九〇軽師団所属で連合軍のM5軽戦車やM3グラント戦車に対して効果を発揮した。

八トン中型半装軌牽引車（Ｓｄｋｆｚ・7）

ミュンヘンのクラウス・マッフェイ社で初期開発が一九三三年にはじまるが外観はビューシングのＨＩ・ＫＬ2に似ていたがより大型だった。クラウス・マッフェイ社は四種を開発し、ＫＭｍ8（三五年）、ＫＭｍ9（三六年）、ＫＭｍ10（三七年）と、戦時型Ｓｄｋｆｚ・7のＫｍｍ11である。戦時型は強力な汎用八・八センチ対空砲、一〇センチ砲、一五センチ野砲を牽引したが機動力があり戦場展開も迅速だった。重量九・八トン、積載量一・八トン、牽引力八トンで路上最大時速五〇キロである。燃料消費は路上一〇〇キロ走行で八〇リットル、路外地で同距離一六〇リットルだった。航続距離は路上で二五〇キロ、路外地で一二〇キロ。エンジンは一四〇馬力の六気筒マイバッハＨＬ62ＴＵＫで懸架装置はリーフスプリングだが四二年以降は一部にトーションバー方式が採用され、輸送人員は兵士一二名で後部に弾薬格納部を有していた。八トン・タイプは国防軍で著名な車両でビューシング社、ダイムラー・ベンツ社が加わり三〇〇〇両以上が生産された。興味深いことに英国がＳｄｋｆｚ・7（Ｋｍｍ・8）のコピーを製造した。これは、ヴォクスホール・モーター社開発でベドフォード牽引車（ＢＴ）と称されて、一七ポンド砲（七六・二ミリ）、二五ポンド砲（八七・六ミリ）牽引を予定した。本車の特徴として収納部と自動操縦システムがドイツ製より優れていたが、四四年に六両の試作車両が完成したが大量生産に入る前に戦争は終了した。

八トン・タイプの戦闘車両化

◎Ｓｄｋｆｚ・7／1＝四連装二センチ対空砲搭載車で一分間に八〇〇発の発射速度の強力な対空砲は乗員一〇名で運用した。車体は軽量網目の側板で囲まれて発射時には横へ開いて戦闘スペースを確保した。

◎Ｓｄｋｆｚ・7／2＝車体後方まで装甲部分を延長して乗員を保護した三・七センチ対空砲搭載車で連合国空軍の優勢に対する防御車両だった。他方、高い発射率を有する砲は地上戦でも有効だった。

◎Ｓｄｋｆｚ・7／6＝対空砲座設置のための測量機器搭載車。

◎Ｓｄｋｆｚ・7／6＝同番号分類でＶ―2ロケットの管制／観測車。

一二トン中・重半装軌牽引車（Ｓｄｋｆｚ・8）

一九三四年のダイムラー・ベンツ社の一二トンタイプＤＢｓ7の戦時型が三九年から四四年に生産された一二トン・Ｓｄｋｆｚ・8（ＤＢ10）である。重量一二・七トン、積載量一二トン、牽引力一四トン、最高時速は路上で五一キロ、燃料消費量は路上一〇〇キロ走行で二二〇リットル、路外地で同距離一〇〇リットル、航続距離は路上二五〇キロ、路外地で一一〇キロ。乗員二名のほかに一一名の兵士を輸送できた。本車は火砲牽引車として重要な役割を担い、二一センチ重迫撃砲、一五センチ重野砲、一〇・五センチ対空砲を牽引した。弾薬は後部格納部に搭載するが後続車両が予備弾薬を運んだ。本車は一九四四年に生産を終了している。

一二トン・タイプおよび一八トン・タイプの戦闘車両化

一二トン・タイプには幾種かの対空砲搭載車があり、八・八センチ対空砲搭載用の台座と前面装甲を有し半装軌牽引車自走砲架12と呼ばれて一九四〇年に少数が転換された。八・八センチ対空砲搭載車は汎用で対戦車戦闘にも用いられ次の一八トン・タイプのＳｄｋｆｚ・９（ファモ）にも搭載された。両車は運転台とエンジン部に一四ミリ装甲を施し、低い側面板をヒンジで開くと戦闘室が拡大し七名で運用した。また、車両側面にジャッキを用いたアウトリガー式張り出しで砲の安定化を行ない、予備弾薬は二輪トレーラーで後部に牽引した。

一八トン重半装軌牽引車（Ｓｄｋｆｚ・９）

ドイツ最大の重半装軌牽引車一八トン・Ｓｄｋｆｚ・９はファモ社（ブレスラウのファールツォイク・ウント・モーターヴェルケ）で生産された。本車は三六年に装甲師団の戦車牽引と回収目的で二種が開発され、三八年製造はＦ２と呼ばれ三九年〜四四年生産はＦ３と称した。一八トンＦ３は二五〇馬力マイバッハＶ12ガソリンエンジン搭載で重量一五・二トン、最大時速路上五〇キロで一八トン牽引だった。燃料消費は路上一〇〇キロ走行一二〇リットル、同距離路外地で二七〇リットル、航続距離は路上二四〇キロで路外地は一〇〇キロである。兵員輸送は八名〜一三名だったが、多くが一五センチ砲や二一センチ臼砲など重砲牽引と戦車輸送トレーラーの牽引に用いられた。また、しばしば二〜三両を連結してティーガー重戦車の牽引車としても用いられ、戦場での損傷、機械故障、軟弱地、泥濘でスタックした戦車を迅速に回収して戦力に戻す重要な役割を果たした。とくに四三年以降の戦車損害の急増で回収と再戦力化は喫緊の問題だった。回収用のウィンチや六トン・ビルステイン・クレーン（Ｓｄｋｆｚ.９／１と称した）、あるいは一〇トンガソリン電動旋回クレーン（Ｓｄｋｆｚ・９／２）などを搭載した。しかし、四三年には戦車重量が増して戦車回収方式は旧式となり四四年に生産が中止されて、パワフルなベルゲパンター戦車回収車に任務がスイッチされた。

半装軌車マウルティーア（騾馬）

ドイツ・トラックは一九四一年〜四二年の冬季ロシア戦線での苦闘により半装軌車化が図られた。マウルティーア（騾馬）の名称はもっとも多く生産された著名なオペルブリッツ中型トラックの半装軌転換車を想起するが他の換装車もマウルティーアと呼ばれた。トラックのドライブ・シャフト長を減じ車軸を前方へ移動させ、起動輪と履帯を取り付けるがⅠ号戦車やⅡ号戦車の転輪なども用いられた。戦争の進展とともに幾種かのマウルティーアはサーチライト、対空砲、ロケット発射筒搭載など戦闘車両化された。全般的に路外地走行力は各段に向上したが転換車の少なさや不整地走行時の高燃費と短航続力など別の問題もあった。いわば低コストの間に合わせ代用車で各種合わせて五四〇〇両あまりが生産あるいは転換され、新型の国防軍重牽引車（sWS＝後述）が現れるまで運用された。

オペル・ブリッツ・マウルティーア

オペル・ブランデンブルグ工場で生産された。二トン・タイプ、三・六リットル六気筒三六〇〇ccオペル・エンジン搭載、重量三・九三トン、最大時速三八キロ、燃費は路上一〇〇キロ走行で五〇リットル、路外地一〇〇リットルで航続距離は路上一六〇キロ、路外八〇キロである。通常の貨物積載車約三〇〇〇両が装甲車体を搭載し、半装軌車に転換されてSdkfz・4／1となり、一五センチ口径のロケット発射筒（パンツァーヴェルファー42）を搭載し、戦闘車両として運用された。

メルセデス・ベンツL4500Rマウルティーア

これはメルセデス・ベンツ四・五トン・タイプL4500Rマウルティーアで、Ⅱ号戦車の走行転輪流用の履帯付きで安価な木製規格車体を搭載した。一一二馬力六気筒ディーゼル・エンジン搭載で路上時速三六キロ、燃費は路上一〇〇キロを七〇リットル、路外地で一四〇リットルだった。

フォード・マウルティーア

三トン・フォード・モデルV3000から改装されてドイツのケルン、オランダのアムステルダム、フランスのアニエール・シュル・セーヌのフォード工場で四三年から四四年に生産された。最大時速は路上で四〇キロである。車両は無線を搭載していた。

国防軍重牽引車（sWS）

一九四二年五月にヒトラーは従来の三トン、五トン・タイプ牽引車を新型のマウルティーアに更新することを命じた。この新型車両は国防軍重牽引車（シュベーレ・ヴェアマハト・シュレッパー）（sWS）であるがビューシング社で四三年初期に試作車が完成し、設計も良く実際にパワフルでマウルティーアより牽引目的に合致していた。重量九・五トンで一〇〇馬力のマイバッハHL42TRKMSエンジン搭載で最大時速二七キロ、積載量四トン、牽引八トンである。燃費は路上一〇〇キロ走行を八〇リットル、同距離を路外地で一八〇リットルだった。航続力は路上三〇〇キロ、路外地で一五〇キロである。乗員二名でオープン・タイプだが車体はカンバス幌で覆われた。ヒトラーは七〇〇〇両生産を力説したが更新予定は実現せず、一九四三年に一五〇両、以降、一〇〇〇両ほど生産で前線へ送られ牽引や貨物輸送で活動した。少数車両が装甲車体に対戦車砲、対空砲、ロケット砲を搭載し、自走砲化されてドイツ敗戦まで用いられた。

フォルクスワーゲンVW155ケッテンキューベル

フォルクスワーゲン・タイプ82野戦乗用車をケッテンクラート同様な半装軌車両化する意図で試験が重ねられたが速度が満足できず中止された。なお、155／0、1、2、3a、4a、4b、4cなどの試作型があった。

HKシリーズ半装軌車

それまでの経験を生かして規格化された新シリーズ軽半装軌車が、三七年からフランクフルトのアドラー社で開始され同社の頭文字からAシリーズと称されて少数車両が完成したが量産されなかった。三八年のアドラーA1は兵員五名輸送の軽三トン型で六五馬力マイバッハHL25エンジン搭載にて最大時速は六五キロだった。三九年のアドラーA2は兵員六名を輸送し、A1より大型で七八馬力のマイバッハHL28エンジン装備で最大時速は六五キロである。同年のアドラーA3はA2と同じだがA1のエンジンを装備し最大時速は同じである。四〇年のアドラーA3Fは、A3改良型で乗用車タイプのボディを搭載し、A2のエンジン装備で最大時速は七五キロだった。Aシリーズの次は三九年に標準化されたHKシリーズ（ハルブ・ケッテン＝ハーフトラック）へ進んだがヒトラーの短期戦争終結論で既存車を優先させた。

新世代のHKシリーズの計画概略は次のようなものだった。

◎HK100＝NSU社のオートバイ系統牽引車。

◎HK300＝アドラー社設計車。

◎HK600＝ハノマグ社とデマグ社の共同開発車。

◎HK900＝クラウス・マッフェイ社。

◎HK1600＝ダイムラー・ベンツ社。

◎HK2400＝未定。

◎HK3500＝未定。

この計画から四〇〜四一年に導入されて成功したのが既出のHK100の三輪タイプ操舵輪と履帯を合体させた〝角（つの）ハンドル〟操舵オートバイ・タイプのクライナー・ケッテンクラフトラート（その他の装軌車の項参照）で兵器局六課設計NSU社開発生産である。本車の成功からNSU社は四一年中に二・二五トンのドライバーを含み五名乗車の兵員輸送車HK1―02（グロッサー（重）ケッテンクラフトラート）を計画したが試作段階から進まなかった。

HK300シリーズは前述のアドラーAシリーズの発展タイプで一トン牽引車の後継車両と考えられ、名称もHK301（クライン・ツークマシーネ）と称されて四一年八月以降に試作車と五両が試験に供されたが五〇両発注は中止された。HK301は兵員八名輸送で九五馬力マイバッハHL30エンジンにて最大時速八〇キロだった。次のHK305は一〇〇馬力のマイバッハHL42エンジンを搭載した。HK600シリーズはハノマグ社とデマグ社の共用計画で一トンと三トン型更新用であり三九年開発開始で四二年終了である。試作車は七両製造のハノマグ社のHK601と三〇両製造のデマグ社のHK605で当時斬新なハノマグ＝マイバッハ自動変速機を搭載した。HK601は一二〇馬力のマイバッハHL45Z搭載にて最高時速七五キロで乗員数は八名である。四一年のHK605は部分的な装甲を有し一七〇馬力のマイバッハHL50エンジン搭載で最大時速は七七キロだった。

軽半装軌車HK900シリーズは四〇年にクラウス・マッフェイ社で開発されたHK901、HK904、HK905の三種の非装甲タイプが試作されたとされる。これらは五トンと八トン型の更新意図で三四両が発注されて四一年二月から一二月にかけてHK905が三〇両完成し、四〇年のHK901は一五両が製造されて一二〇馬力マイバッハHL45zエンジン搭載で最大時速は七七キロだった。四一年のHK904はHK901の改良型で一八〇馬力の新型マイバッハHL66エンジン搭載である。HK1600シリーズは四〇年に重半装軌車の更新車種としてダイムラー・ベンツ社で開発されてHK1601と呼ばれ四一年に一両試作された。当初、三二〇馬力エンジン予定だったが二五〇馬力のマイバッハHL116搭載で最大時速六七キロだった。次にHK1604の名称で評価車四両の製造後に三〇両が発注されたが完成しなかった。この、HKシリーズは広範囲にわたる部品の互換性が特徴で目標は簡易化で生産効率を上げ、簡便な保守管理を狙ったが次世代の半装軌車計画は達成されなかった。

1942年夏季の南ロシア戦線で戦傷者を手当する野戦救護所で脚に包帯を巻いた兵が手前見える。背景に警護に当たるSdkfz.251C装甲兵員車が見える。

ドイツ敗戦直前の1945年３月、ポーランドのゴルノー（ゴレニウ）近郊を撤退してゆくSdkfz.７牽引車で後方に88ミリ砲を牽引している。

きわめて珍しいヘーベクラフトワーゲンと呼ばれる重クローラー・クレーンで1942年にSdkfz.９牽引車をベースにしてデマグ社の改造車両で電気駆動にて10トン懸吊能力があった。側面の筒は繋ぎブーム部で米軍が捕獲した車両である。

装輪装甲車
(Panzerspahwagen)

北アフリカ戦線のリビヤ砂漠で偵察行動中の８輪重装甲車Sdkfz.233。８輪重装甲車231をベースにして24口径の短砲身7.5センチ砲（StuK37）を搭載した火力支援車で生産数は109両と転換車10両だった。

1939年９月のポーランド侵攻戦時のKfz.13・４輪装甲車の隊列で後方車両は大型の無線アンテナを車上に装備したKfz.14（機動通信車）である。これらの車両は1940年のフランス戦にも使用されたが41年までに一線から引き揚げられた。

後方から見たフレームアンテナ装備のKfz.14・４輪装甲通信車（WH25396）だが左フェンダー上の戦術マークは憲兵を示している。なお、前方を行くのはMG13機銃搭載のKfz.13軽装甲車である。

先のKfz.13と14の更新装備として本格的な偵察用の４輪軽装甲車Sdkfz.221が1935年～40年に339両製造された。1938年の装甲部隊所属車両で続行するのは前方２個窓となった改良型の４輪軽装甲車Sdkfz.222である。

1941年の冬季ロシア戦線における臨時迷彩塗装を施した偵察部隊のSdkfz.221（機関銃搭載車）であるが、冬季装備のない兵士と車上に立ち周囲を偵察する車長の様子が極寒の大地の印象を伝えてくれる。

ロシア戦線におけるSdkfz.221軽４輪装甲車だが車上に口径漸減砲の2.8センチ重対戦車銃（sPzB41）を装備している。なお、砲身直下の将官はフォン・ボック元帥。

4輪軽装甲車221の改良型がSdkfz.222で砲塔を大型化して2センチ戦車砲（KwK30）と同軸機銃を搭載し、1936年〜43年までに約1000両が生産された。重量も前型より1トン増加して戦闘力を増したが路上最高時速は85キロに落ちた。

6発エンジン搭載の巨大輸送機Me323に搭載して北アフリカのチュニジア戦線へ急送されるSdkfz.222・4輪軽装甲車で予備燃料缶や野営天幕などを車上に満載している。とくにこの222は戦争期間中に前線で有効に用いられた。

Sdkfz.223軽装甲無線通信車だが初期の221・4輪軽装甲車を少し改造して長距離通信機とフレーム・タイプ大型アンテナを車上に搭載し、1935年〜44年までに550両ほどが生産され全戦線の偵察部隊で使用した。

フレームアンテナを展張した状態のSdkfz.223無線通信車で離れた位置で戦う部隊間の連携通信に用いられた。生産時期により６種のシリーズがあったが1944年以降はより機動性の高い半装軌車両に任務は引き継がれた。

師団、連隊、大隊司令部の通信小隊で活用されたSdkfz.222ベースの中距離通信用車がSdkfz.260（写真の車両）で、もう一種遠距離通信用の261があり生産数は40年から43年前半までに約500両だった。

長距離通信用伸縮タイプの大型フレームアンテナを車上に装備した長距離通信用のSdkfz.261・４輪軽装甲通信車で装甲師団通信大隊の指揮系統でも使用された。260と261では通信距離により搭載通信機が異なっていた。

２センチ砲とMG13機銃を装備したSdkfz.231・６輪重装甲車で車側の装甲兵は1940年まで用いられたクッション付きのベレー帽を着用している。６輪重装甲車は通信車の232と263のバリエーションがあった。

1940年のフランス戦線での主力部隊だったグデーリアン装甲集団（G記号）所属のSdkfz.231・６輪重装甲車で砲塔に２センチ砲とMG13機銃が見られ大戦前に123両が生産された。本車は主に機械化（自動車化）偵察部隊で運用された。

これは６輪231の装甲通信車型のSdkfz.232だが大型無線アンテナ装備のために砲塔は写真のような支持架で固定されていた。しかし、旧式で路外性能が悪くフランス戦とバルカン戦以降は前線から引き揚げられた。

右側の車両は1940年のフランス戦時のグデーリアン装甲集団所属の偵察部隊が使用する砲塔固定型のSdkfz.232・６輪重装甲車（通信）で左側は中距離無線機搭載の初期のSdkfz.221・４輪軽装甲車（通信）である。

偵察部隊指揮本部の司令部要員車としてダイムラー・ベンツ社で開発されたSdkfz.247・６輪重装甲車でクルップ社のクルップボクサー兵員輸送車L２H143の車台を用い1941年～42年に58両が製造されただけだった。

ベルリンのブランデンブルグ門付近でパレード準備中の装甲師団の偵察部隊。左列先頭車が247で左後方は砲塔固定の６輪重装甲車（通信）263と６輪重装甲車231。右列１両目はフレームアンテナ装備の４輪軽装甲車（通信）の223である。

路外走行性を改良した８輪重装甲車Sdkfz.231は36年～43年に232通信車とあわせて607両が生産された。全周回転砲塔に２センチ砲とMG34機銃を装備し、８輪全輪駆動で前と後方の二重操縦装置を装備した高価な装甲車だった。

８輪重装甲車231で上掲の写真とあわせて左右の形状がよくわかる1942年前半の砲塔前面/車体前面の強化車両である。８輪重装甲車は装甲師団、装甲擲弾兵師団、あるいは機械化（自動車化）師団の重偵察部隊で使用された。

Sdkfz.232・8輪重装甲車（通信）で固定砲塔上に遠距離通信用の大型フレームアンテナを装備していたが、後に車体後部に星型のポール・アンテナが装着された。これらの大型装甲車は4輪軽装甲車の支援として用いられた。

1939年、モラビア（チェコのモラヴァ）おける8輪重装甲車（通信）Sdkfz.232（手前）と続行するのは8輪重装甲車の231である。この両型は通信機材を除きほぼ同じで車台製造はビューシング社が担った。

7.5センチ砲搭載８輪重装甲車Sdkfz.233は８輪231をベースにした重偵察車であるが偵察中隊に配備されて敵の装甲戦闘車両を排除することを意図していた。42年から43年にかけて109両と231／232からの転換車10両が製造された。

1942年末〜43年春のチュニジア戦線で空軍地上部隊の短砲身7.5センチ砲搭載８輪重装甲車Sdkfz.233で車体側面にアフリカ軍団が初期に用いた防暑ヘルメットを吊るしているのが見られる。

初期のフレームアンテナ付の８輪重装甲通信車でSdkfz.263と称し231／232と同系統である。車体上部を高く固定式にして室内容積を充分に広く取り各種通信機器を積載した長距離通信専用車で1938年から43年に240両が生産された。

左）北アフリカ戦線で前線部隊と指揮本部間の長距離無線中継（通信ネットワーク）を行なう８輪重装甲車Sdkfz.263（通信）で車上の大型のフレームタイプ・アンテナ以外に９メートル伸縮式のクルベルマストと呼ばれる長距離通信アンテナを併用している。右）1944年夏のポーランド・ワルシャワの対独武装蜂起鎮圧を行なう武装親衛隊（SS）の８輪重装甲通信車263だが車両前方に〝逆傘の骨状〟のバネで開く６本アレーの星型アンテナを装備した型である。

Sdkfz.234／１は意外と写真が少なくこれもやや不鮮明だが1944年にフランス戦線で放棄された車両で車体の前面装甲が全体的に30ミリ厚に強化されていた。

上）前型の231の新型が1940年８月からビューシング社で開発され44年～45年までに200両生産されたのが２センチ砲搭載８輪重装甲車Sdkfz.234であり、234／１、２、３、４と４種の派生型があった。
下）234／１で４輪装甲車222の上部開放式２センチ搭載砲塔を装備した型で装甲師団や装甲擲弾兵師団の偵察中隊などで運用された。

ビューシング社生産の234／1の車台に5センチ戦車砲（KwK39/1）と3連装煙弾発射筒を装備した8輪重装甲車Sdkfz.234／2（別名プーマ）であるが、戦争後半に運用された伸縮式で上方がスプリングで開傘する6本星型アンテナを装備している。

1944年のバルカン方面でのSdkfz.234／2の運用中の珍しいスナップショットで装甲部隊の所属車両である。また、砲塔上部の開いた2個のハッチと砲塔側面の3連装煙弾発射器の取り付け方法なども興味深い。

1944年後半にビューシング社で88両生産された7.5センチ戦車砲搭載の８輪重装甲車Sdkfz.234／３だが砲は車体中央搭載に改正され砲弾は50発を携行した。本車は偵察任務につく軽武装装甲車の火力支援を行なった。

８輪重装甲車234／３の脆弱なオープントップ戦闘室と短砲身7.5センチ砲の砲尾が見える。装甲は車体と戦闘室前面は30ミリあるが砲の防盾部は５ミリ、側面８ミリで後部は10ミリと脆弱だった。

既述の5センチ砲搭載234/2重装甲車〝プーマ〟はザウコプフ（豚鼻）型防盾を有したが、この8輪重装甲車234/4は7.5センチ（PaK40）対戦車砲搭載車で1944年から45年にかけて89両が生産された。

7.5センチ対戦車砲（PaK40）搭載8輪重装甲車234／3の前方砲防盾は4ミリ厚で中空タイプの2枚装甲板を用い後部装甲板は後方操縦装置を使用するために可倒式になっていた。1945年5月、チェコのプラハでの撮影である。

1945年春に連合軍がドイツのヒラースレーベン陸軍実験場で発見した変わった車両は８輪重装甲車231をベースにした装甲砲兵観測車の実験車両であるが操縦席と乗降口をはじめとして車体全体を装甲板で覆っている。

シルトクレーテ（亀）と呼ばれるトリッペル社（ハンス・トリッペル設計）開発の水陸両用軽装甲車で1941年から44年までにⅠ、Ⅱ、Ⅲ型が開発されたが乗用車ベースは軍用の耐久性に欠け、また、物資不足により採用されなかった。

ワイマール共和国時代の1928年から30年にかけてDB社、ビューシング社、マギラス社でARWと呼ばれた８輪重装甲偵察車６両が開発されて実験が行なわれた。写真はマギラス社のM-ARWの試作車でのちのSdkfz.231/８輪重装甲車開発に生かされた。

1936年にクルップ社で少数生産された機関銃搭載クルップ装甲車（著名なクルップ・プロッツL２H145の車台利用）でオランダ植民地軍や中国へ輸出された車両である。ドイツでは1945年４月～５月のベルリン防衛戦に駆り出された。

SS（武装親衛隊）が用いるADGZ重装甲車で前後に操縦員が見られる。オーストリアのシュタイヤー・ダイムラー・プッチ社が1934年にオーストリア陸軍用に開発した重装甲車で保安警察配備後にSS（武装親衛隊）の装備として運用された。

1934年にオーストリアのシュタイヤー・ダイムラー・プッチ社で開発実験中のADGZ重装甲車で38年に14両がドイツに引き渡され42年に25両が生産された。

1930年代にダンチッヒ（ポーランドのグダニスク）の同一化時代にSS（親衛隊）警察部隊が用いるADGZ重装甲車で後部に同部隊を示すSSと髑髏マークが認められる。

装輪装甲車

Ｋｆｚ・13機関銃車／Ｋｆｚ・14通信車

ドイツ再軍備前の装甲車は二種ありＫｆｚ・13は機関銃車でＫｆｚ・14は通信車と称したが実体はダイムラー・ベンツとアドラー自動車の車台に軽装甲ボディを乗せ、小銃弾に耐える装甲八ミリで実戦的ではなかった。武装は固定台座上三六〇度の射界を有する七・九ミリＭＧ13機銃を装備し一〇〇〇発の弾薬を携行した。一方、Ｋｆｚ・14は機銃がなく車上にフレームアンテナを備え通話無線の五ワット送受信セットを搭載した。生産数は一九三三年から三五年にＫｆｚ・13が一一六両、Ｋｆｚ・14は三〇両製造されたが二次大戦で使用されたことはないとされる。

四輪軽装甲車Ｓｄｋｆｚ・２２１

一九三四年七月にアウトウニオン・ホルヒ工場で試作車完成と同時に生産開始で、装甲車体製作はドイッチュ・エーデルシュタール、ベーラー、ブレックマンの各社で行なわれた。２２１は四輪駆動、四輪操舵式で車体上に上部解放式の手動回転砲塔を乗せ頂部に左右開閉式の手榴弾防止用の金属網を装備した。ホルヒ七五馬力三・五リットルの八気筒液冷ガソリン・エンジンで、二輪、四輪駆動切り替え前進五速後進一速変速機で不整地走行用に低速切替えギアが準備され、独立懸架方式でショックアブソーバー、パワー・ブレーキが用いられた。

しかし、元来が乗用車車体であり地形的悪条件のロシア戦線では性能不充分で２２１は使用されなかった。初期２２１の武装はＭＧ13機銃でのちにＭＧ34機銃となり、一部は高初速が得られる口径漸減式の二・八センチ重対戦車銃（パンツァービュクセ）を搭載して四〇年八月までに三三九両が生産された。

四輪軽装甲車（通信）Ｓｄｋｆｚ・２２３

本車は先の２２１と同様車体でエンジンはホルヒ三・五か三・八リットルである。車体前方が三センチ延長など若干改良されたが重くなり性能が悪化した。手動回転式砲塔の頂部の折畳式手榴弾防止金網は同じである。武装はＭＧ13機銃で三八年三月からＭＧ34機銃になった。車体上部のフレーム型アンテナ搭載を外観上特徴としてＡ、Ｂの二種がありＡ型は三〇ワットＦｕＧ10無線セット搭載で、二〇八両生産のＢ型は八〇ワットＦｕＧ12無線セットを搭載した。

一九三五年から四四年までウェザーヒュッテ、ＭＮＨ、ビューシングなどで五三五両が製造されて装甲師団、装甲擲弾兵師団などの装甲車中隊配備で装甲車間の長距離通信任務を担った。

小型四輪通信装甲車Ｓｄｋｆｚ・２６０／２６１

２６０は武装のない四輪駆動の小型中距離用（空／地通信含む）の装甲通信車で車上に大型フレーム・タイプ無線アンテナを装備し、車体正面に大型の開閉視察窓一カ所を備えていた。ウェザーヒュッテ社で四〇年以降生産の七五馬力エンジン搭載の２６０Ａは三六両、九〇馬力エンジン搭載の２６０Ｂは九六両で計一三二両が生産された。他方、２６１はフレーム・タイプ・アンテナ装備の長距離通信車で、２６１Ａは二一五両、２６１Ｂは一三七両で計三五二両が四一年以降に生産された。２６０／２

61両種で四八四両生産だった。

軽四輪二センチ砲搭載装甲車Sdkfz・222

221同様にホルヒ・タイプ801（のちにタイプ801v）車台を用い、低い多角形回転砲塔に二センチ戦車砲とMG34機銃搭載で武装を強化した。本車のマニュアルにはオフ・ロード走行時か低速走行時に四輪駆動を用い、安全上の理由でUバーン（高速道路）走行時は二輪走行で乗員はドライバー、装填手、車長、砲手の三名である。

三六年～四三年に九九三両（うちB型は五五〇両）が五グループで分割生産され四グループがA型で最後のグループがB型だった。新二センチ戦車砲となり俯仰角はマイナス五度からプラス八五度である。これらの生産にはシーショウ、ウェザーヒュッテ、MHN、ビューシング、ダイムラー・ベンツ、ドイッチュ・ヴェルケなど多数の企業が加わった。

六輪重装甲車Sdkfz・231

六輪重装甲車（シュベーレパンツァーシュペーワーゲン）231はダイムラー・ベンツのG3A車体が最も多く使用され、距離三〇メートルからの小銃弾に耐える装甲車体は他の軍需企業で生産された。それ以外はビューシング社のG31―Pでマギラス社はM206Aだった。伝統的な前方エンジン搭載トラック・レイアウトで、車体上部の手動回転型砲塔に二センチ砲とMG13機銃を搭載した。生産は早く三二年から三七年まで行なわれたが、不整地走行性能を向上させた八輪装甲車へと移行する。三五年には砲塔外部に早くも対空機銃が装備されたほか予備タイヤも追加された。典型的な初期ドイツ重装甲車だったが実用上で限界があり初期電撃戦でもあまり用いられなかった。

六輪重装甲車（通信）Sdkfz・232

六輪重装甲車232は231の通信車（Fu）仕様で重装甲偵察車でもあるがマギラス社の車台が多く使用された。少数の無線搭載車がダイムラー・ベンツとビューシング社で生産されたが231よりも大型の発電機搭載が特徴だった。のちに中距離無線機と短距離無線機を搭載した。信頼性の高いトラック車台だったが、元来、不整地走行は意図されていなかった。しかし、偵察任務は必然的に荒地走行を伴うために幾つかの問題があった。たとえば、軽装甲、低地上高、サスペンション強度不足、非全輪駆動などは欠点で泥濘や泥沼に嵌（はま）りやすかった。こうした短所ゆえに231と232はフランス侵攻戦後に前線から引き揚げられて戦訓は次の新重装甲車へ吸収された。

六輪重装甲車Sdkfz・263

本車は三〇年代前半にはKfz・67aと呼ばれていたが三七年以降から六輪重装甲車263と称されて初期の十数両は装甲師団通信大隊の通信車に転換された。砲塔は固定化されてMG13機銃を装備し、車上に一〇〇ワット無線機用大型フレームアンテナが装備された。車台はマギラス社で製造され三七年までの製造数は二八両だった。

八輪重装甲車Sdkfz・231

陸軍兵器局第六課自動車設計事務所は六輪重装甲車の性能不足を補うべくビューシング社に新たな八輪重装甲車の開発を要請した。これは八輪重装甲車Sdkfz・231となり一九三六年末から生産開始で、新たなビューシング八気筒エンジン、独立懸架、八輪動力操舵式、自動閉鎖式タイヤ・チューブを装備した。先の六輪２３１と同様に車両前後に操縦装置を有し、時速八五キロが可能だった。乗員四名で武装と装甲など六輪型と同様だが、車体形状は異なり砲塔が前方へ配置されたのが特徴だった。

　当初、砲塔には二センチ口径漸減砲を予定したが砲不足により二センチ自動砲とＭＧ13機銃（三九年五月にＭＧ34機銃）を同軸に搭載し、携行銃弾は一一二五発で二センチ砲弾は一八〇発である。装甲は弱体で米軍の五〇口径（一二・七ミリ）Ｍ２機銃への耐弾性がなかった。この八輪重装甲車は四三年以降、前線の装甲車部隊に配備された。

八輪重装甲車Ｓｄｋｆｚ・２３２

　２３２は前述の２３１と共用部分が多かった。六輪重装甲車も八輪重装甲車も呼称は同じＳｄｋｆｚ・２３２であるが前述の２３１と共用部分が多かった。本車は長距離通信車で偵察大隊の重装甲偵察小隊に装備された。当初、無線用の大型フレームアンテナを装備し、一〇〇ワット無線セットを搭載したが生産中止時は音声通信で距離七〇キロの性能があった。四一年に性能強化のために砲塔にトランシーバーの一種であるフンクシュプレッヒゲレトが加えられ、２３１にも同様装備が追加された。これは車両移動用で二四・一一～二五・〇一メガヘルツ帯無線で交信範囲一キロ程度だった。しかし、四三年初期に一九・九～二一・四メガヘルツの三キロ交信装置に代えられた。また、四二年七月に八〇ワット無線セットになり先端が傘型に開いた星型アンテナになった。これは交信範囲六キロで移動時は二五キロである。八輪重装甲車２３１と２３２は一九四三年までに六一〇両が生産された。

八輪七・五センチ砲搭載重装甲車Ｓｄｋｆｚ・２３３

　八輪２３１と八輪２３２の二センチ戦車砲は軽装甲戦闘車両には効果的だったが、さらなる戦闘力強化が行なわれた。短砲身七・五センチ砲搭載のⅢ号突撃砲は対戦車戦闘力向上ために長砲身七・五センチ突撃砲搭載となり、余剰となった短砲身七・五センチ砲を装備したのが八輪２３３である。シーショー社で一三五両が生産されたが一部は八輪２６３の上部構造物を改造した。主砲角は右へ一二度、左へ九度で上下はマイナス四度からプラス二〇度、乗員は三名で上部戦闘室は解放式である。砲手はペリスコープ型五倍率照準器（ｓｆｌ　ＺＦ１）を用いた。本来は装甲車であり偵察任務時に七・五センチ突撃砲（ＳｔｕＫ40）砲は重く車体に大きな負荷がかかり、戦闘室は狭く混雑して弾薬搭載は三二発のみだった。一九四二年一一月、最初に北アフリカのチュニジア戦線で使用され、のちにロシア戦線でも運用されて大戦最後まで戦場に残っていた。

八輪重装甲車Ｓｄｋｆｚ・２６３

　本車は装甲師団の後方で活動するＭＧ34機銃装備の機動通信基地用車両である。装甲は五ミリから八ミリと薄く小銃弾への耐弾性だけだった。２６３には回転砲塔がなく六角形固定装甲車体を搭載したが、これは強力な通信機（Ｐｚ・Ｆｕ・Ｔｒ・ｂ・／ＦｕＧ・11・ＳＥ１００）を装備するためである。車上のフレームアンテナ以外に車体後部に九メートル長の伸縮アンテナを装備し、乗員五名で車長、ドライバー二名、無線手二名である。装甲車的見地からすると八輪重装甲車231、232と同じで三七年から四三年初旬までにシーショー社とドイッチュヴェルケで二九七両が生産された。

八輪弾道測定重装甲車231

このユニークな八輪重装甲車231改造車両は幌付きトラックのような外観をしたV―2ロケット弾道観測車である。幾つかの資料で一両改造の特殊車両とされるが最近の調査では写真の裏付けにより二両製造されたと結論される。本車は元来、後部エンジン搭載だったが前方搭載に替えられ、車体後部装備の特殊構造物内に電気ケーブルとリールを備えた。クンマースドルフかペーネミュンデ実験場で外部の測定装置と接続してV―2ロケットの弾道学上のデータを記録するために用いられた。

二センチ砲搭載重装甲車Sdkfz・234／1）

一九四〇年八月に多くの改良が施された新世代八輪重装甲車の開発が開始され強装甲（八～三〇ミリ）を意図していた。これは重装甲車234となりビューシング社が主契約企業で大戦末期の四四年六月から二〇〇両が生産された。戦車部品も利用しトラック・タイプ車台に一二気筒タトラ空冷ディーゼル・エンジンと装甲車体を搭載した。初期型は上部開放式砲塔に二センチ戦車砲とMG42機銃を装備してSdkfz・234／1と称して二センチ砲弾二五〇発と機銃弾二四〇〇発を携行した。装甲師団や装甲擲弾兵師団などの偵察大隊や装甲車中隊に配備された。

五センチ砲搭載重装甲車Sdkfz・231／2（プーマ）

234シリーズは北アフリカ戦のオーバーヒート戦訓によりタトラ一二気筒空冷ディーゼル・エンジン装備で六速変速機による全輪（八輪）駆動である。武装は当初二センチ戦車砲だが生産時に俯仰角マイナス一〇度からプラス二〇度の五センチ戦車砲を全周回転砲塔（同軸MG42機関銃）に搭載し主砲弾は五五発携行で、砲防盾は耐弾性の良いザウコプフ（豚の頭）型で全体形状は洗練されていた。駆動系統は前と後方へのスイッチ走行の迅速性と時速八〇キロと高速性を達成し、航続距離は路上一〇〇〇キロで路外は六〇〇キロ、燃料タンクは三六〇リットルである。装甲は前型同様前面三〇ミリだが側面は八ミリと薄かった。良く改良された重装甲車だったが連合軍装甲車を凌駕できなかった。当初Sdkfz・234と呼ばれたが234／2に別分類され、前述の234／1より早くビューシング社で四三年秋～四四年秋までに一〇一両が生産された。

七・五センチ単砲身砲搭載重装甲車Sdkfz・234／3

既述の233を大型化した発展タイプが234／3である。さらに強力なディーゼル・エンジン装備で上部開放式戦闘室を有し、武装も233は短砲身七・五センチ突撃砲だったが234／3は短砲身七・五センチ戦車砲搭載で、主砲の右側に対空・対人用MG42機銃を装備した。乗員は四名で主砲弾五〇発、機銃弾一九五〇発搭載で一九・九～二一・四メガヘルツ域の無線機を搭載した。この型は一九四四年後半に八八両がビューシング社で生産されたのみだった。

七・五センチ長砲身対戦車砲搭載重装甲車Sdkfz・234／4

234／4はドイツ最大の重装甲車でヒトラーが好んだ兵器の一つで、ビューシング社で四四年後半から四五年に八九両が生産された。防衛戦で優勢な連合軍戦車に対抗する必要性から重装甲車へ七・五センチ対戦車砲を搭載する計画が四四年一月から開始され、同年一一月に軍需大臣シュペアの提案がヒトラーに認可され一二月から生産がはじまった。この車両は通常の七・五センチ対戦車砲の砲防盾を改造して左右角二〇度で俯仰角はマイナス五度からプラス二二度とした。砲重量とスペース制限で搭載弾薬は三六発だった。少数生産だが装甲偵察中隊などで他の装甲車の支援を行なった。

重装甲路外装甲指揮車（Sdkfz・247）

偵察部隊の装甲指揮車で六輪と四輪車の二種があった。最初の六輪装甲車はクルップ製L2H143車体に水平対向エンジン搭載で三七年と三八年に一〇両が生産された。オープントップ装甲車両で装甲は八ミリで距離一〇〇メートルからの小銃弾に耐弾性があった。一方、三八年に五八両が追加発注されたが、これはホルヒ3・5車台利用の単なる四輪装甲車で247と同じ番号で分類された。生産は一九四一年七月〜四二年一月までダイムラー・ベンツで行なわれ通信機材搭載なので武装はなかった。なお、四輪車も六輪車も前方エンジン搭載だった。生産遅れにより戦場環境が変化してしまい、こうした指揮装甲車の必要性が薄れてオートバイ部隊の本部車両として配備使用された。

警察装甲車ADGZ

ADGZ装甲車は一九三五〜三七年にオーストリア陸軍用にアストロ・ダイムラー・プッチ社で二七両製造され、ドイツのオーストリア併合によりドイツ警察に配備された。四二年に追加で二五両製造されて国防軍とSS（親衛隊）で使用した。八輪車で中央車軸上に前後への二重走行装置を搭載し前方トレーリング・アクセルに単車輪という構造が特徴だった。回転砲塔に二センチ戦車砲とMG34機銃を搭載し、装甲厚は平均的に一一ミリだった。占領地での対パルチザン戦や保安任務に用いられたが四四年末には訓練車両になっていた。

その他の装甲車Ⅱ　①DB—ARW　②BN—ZRW　③M—ARW

この三種の装甲車は一九二七年にワイマール共和国陸軍の要請で開発された八〜一〇輪装甲車の水陸両用試作型である。DBはダイムラー・ベンツ、BNはビューシング社、Mはマギラス社型で二八年〜三〇年にかけて六両が試作された。ソビエトのカザンの秘密訓練所に送られて各種の試験が行なわれて成功したが、三四年に開発開始の本項既述の八輪重装甲車Sdkf・231に技術と経験が用いられた。

シルトクレーテ（亀）水陸両用装甲車

トリッペル社がすでに開発していたトリッペルSG6水陸両用車をベースに、四一年から開発した水陸両用装甲車で四四年までに三両を製造した。最後のシルトクレーテⅢは二センチMG151航空機用機関砲を搭載し、七〇馬力のタトラV—8エンジンを装備して四四年一〇月まで試験されたが、結局、戦場条件がこのような兵器を必要とせず採用されなかった。

六輪クルップ装甲車

この六輪装甲車はクルップ社が一九三六年にオランダ領東インド諸島（インドネシア）向けに少数輸出した車両でドイツ陸軍用ではなかった。クルップＬ２Ｈ１４３（６Ｘ６）軽トラックで三・三リットル・空冷エンジンを搭載した。四五年五月のベルリン戦の総統官邸防衛戦で見られた。

1942年、北アフリカ戦線でリビヤ砂漠の野戦修理所にて２センチ砲装備の砲塔を外して修理中のSdkfz.223（無線）４輪軽装甲車だが車体上部に通信用のアンテナが見られる。

1945年春、東部戦線でベルリン防衛の要だったバラトン湖畔のバラトンフズーフ駅付近に集められた各種の損傷戦闘車両群。手前は自走砲マルダーⅢM、向こう側はⅢ号G型突撃砲、左側はパンターG型、その左向こうはヤークトパンター、右はⅣ号対空戦車と奥にパンター戦車も認められる。

主な参考資料　（順不同）

Encyclopedia of German Tanks of Word War Two, by Peter Chamberlain and Hilary L. Doyle, Arms Armor Press, London.1978

The Complete Guide to German Armored Vehicles, By David Doyle, Sky House Publishing, 2019

Die Deutschen PANZER 1926-1945, F.M. von SENGER und ETTERIN, J.F.Lehmanns Verlag, Munchen, 1959.(German Edition)

German Tanks of World War II, By F.M. von Senger und Eterlin, By A & W Visual Library 1968 (English Edition)

Panzerkampfwagen German Combat Tanks 1933-1945, By Chris Ellis/Hilary Doyle, Bellona Publications, Argus Books Ltd, 1976

Czechoslovak Srmoured Armoured Vehicles, 1918-1945, By H.C.Doyle, C.K.Kliment, Bellona Publications, Argus Books Ltd, 1979

Germany's Tigers Tanks, Tiger I & II: Combat Tactics, By Thomas L. Jentz, Schiffer Militry History, 1997

Tigers in combat Vol. 1 by Wolfgang Schneider, J.J. Fedorowicz Publishing Inc, 1994

Tigers in combat Vol. 2, By Wolfgang Schneider J.J. Fedorowicz Publishing Inc,1999

German Half-Tracked Vehicles of World War 2, By John Milsom, Arms & Armour Press, New York, 1975

Panzer Tracts No.13, Panzerspahwagen Armoured Cars Sd.Kfz. 3 to Sd.Kfz.263, Assenbled by Thomas L. Jents, Panzer Tracts 2001

German Tanks and Armoured Vehicles 1914-1945, By B.T. White, Ian Allan, London, 1966

German Armored Rarities 1939-1945, By Michael Sowodny, Schiffer Military/Aviation History, U.S.A.

German Personnel Cars in Wartime, By Reinhard Frank, Dipl.-Ing. Schiffer Military/Aviation History,1998 U.S.A.1998

Axis combat Tanks, WW 2 Fact Files, By Peter Chamberlain and Chrs Ellis, MacDonald and Jane's London, 1977

Allied Combat Tanks, WW 2 Fact Files, By Peter Chamberlain and Chrs Ellis, MacDonald and Jane's London, 1978

Motorcycles of the Wehrmcht, By Hort Hinrichsen, Schiffer Military History, 1994, U.S.A.

PzKpfw III in action, By Bruce Culver, Squadron/Signal Publications, Inc.1998 U.S.A.

Bertha's Big Brother Karlgerat(60cm) & (54cm), By Thomas L. Jents, Panzer Tracts 2001, U.S.A.

Rommel's Funnies, By Thomas L. Jentz, Darlington Productions, Inc. 1997

Maus and other German Armored Projects, By Michael Sawondy & Kai Bracher, Schiffer Military History, 1989, U.S.A.

PzKpfw 38(t) in action, By Charles K. Kliment and Hilary L/ Doyle, Squadron/Signal Publications, Inc.1979, U.S.A.

German Armoured Cars and reconnaissance Half-Tracks 1939-45, By Bryan Perrett, Bruce Culver, Jim Laurier, Osprey Publishing Ltd., 1999.

Outlines Sdkfz 6 - 5 ton Meduim Halftrack, By John L. Rue, ISO Publications. U.K.

Directry of Wheeled Vehicles of the Wehrmaht, By Chris Ellis, Taste International Publications Ltd., 1974, U.K.

A History of the Panzer Troops 1916-1945 By Werner Haupt, Podzun Pallas Verlag 1989,Germany

Panzertruppe, By Roger James Bender & Warren W. Odegard, R. James Bender Publishing, U.S.A.

Kraftfahrzeuge und Panzer der Reichswere Wehrmacht und Bundeswehr, By Werner Oswald, Motorbuch Verlag, Germany

Small Arms, Artillery and Special Weapons of the Third Reich, An Encyclopedic Survey, By Terry Gander and Peter Chamberlain, MaCDonald and Janes 1978, London, U.K.

German Military Vehicles of World War II, By Jean-Denis /G.G. Lepage, McFarland & Company, London 2007, London

Tanks of the World 1915-45, By Peter Chamberlain and Chris Ellis, Arms and Armor Press 1972, London

World War 2 Military Vehicle markings, By Terence Wise, Paric Stephen Limited, 1981, U.K.

Panzer IV, By Kevin Hjermstad, Squadron/Signal Publication 2000, U.S.A.

Panther, By Uwe Feist & Bruce Culver, Ryton Publications 1995, U.S.A.

Combat History of Schwere Panzerjager Abteilung 653, By Karlheinz Munch, J. J. Fedorowicz Publishing Inc. 1997

Jagdtiger Vol 1. By Andrew Devey, Schiffer Military History, 1999, U.S.A.

Jagdtiger Vol 2. By Andrew Devey, Schiffer Military History, 1999, U.S.A.

D-Day Tank Warfare, By Steven J. Zaloga and George Balin, Concorde Publications Company 1994, Hong Kong

Der Panzer-Kampfwagen Tiger und Seine Abarten, By Walther J. Spielberger, Motorbuch Verlag, 1977, Germany

Der Panzer-Kampfwagen IV und Seine Abarten, Walter J. Spielberger, Motot Verlag, 1975, Germany

Der Panzer-Kampfwagen Tiger und Seine Abarten, By Walther J. Spielberger Motorbich Verlag 1977, Germany

Der Panzer-kampfwagen Panther und Seine Abarten, By Walther J. Spielberger Motorbich Verlag 1987, Germany

Tanks and other AFVs of the Blitzkreig Era 1939-41, By B. T. White, Branford Press,1972, U.K.

Self-Propelled Anti-Tank and Anti-Aircraft Guns, by Peter Chamberlain and John Milson, McDonald and Janes 1975, U.K.

Tiger! The Tiger Tank: A British View, By David Fletcher, Her Majesty's Stationery Office, 1986, U.K.

The Illustrated Encyclopedia Military Vehicles, By Ian V. Hogg and John Weeks, The Hamlyn Publising Group Limited, U.K.

Soviet Tanks and Combat vehicles of World War Two, By Steven J. Zaloga and Japanese Grandsen, Arms and Armour Press, 1984, U.K.

Panzer Colours, By Bruce Culver & Bill Murphy, Arms and Armour Press, 1976, U.K.

Panzer Colours 2, By Bruce Culver & Bill Murphy, Arms and Armour Press, 1976, U.K.

Panzer Colours 3 , By Bruce Culver, Arms and Armour Press, 1976, U.K.

The Eastern Front, By Steven J. Zaloga ad James Grandsen, Arms and Armour Press, 1983, U.K.

Encyclopedia of Tanks, By Duncan Crow & Robert J. Icks, Chartwell Books, Inc., 1975, U.S.A.

German Military transport of World War Two, By John Milsom, Arms Armour Press, 1975, U.K.

Panzerkapmfwagen I & II, German Light Tanks1939-1945, By Eric Grove, Almark Publishing Co., Ltd, 1979 U.K.

The German Sturmgeschutze in World War II 1939-1945, By Wolfgang Fleischer with Richard Eiermann, Schiffer Publishing Ltd., 1999, U.S.A.

Panzerkampfwagen, German combat tanks 1939-1945, By J. Williamson, Almark Publishing Co., Ltd., 1973, U.K.

German Army Handbook 1939-1945, By W.J. K. Davies, Ian Alan Ltd, 1973, U.K.

VW Kubelwagen Military & Civilian 1940-1975, By Konrad F. Schreie, Jr. Bookland Book Distibution Ltd. U.K.

Panzer Grenadier Division Grossdeutschland, By Horst Scheibert, Squadron Signal Publications, 1977, U.S.A.

The Observer's Fighting Vehicles Directory World War II, By Bart H. Vanderveen, Frederick Warne & Co., Ltd, U.K.

Deutsche Panzerzuge im Zweitem Weltkrieg, By von Wolfgang Sawodny, Podzun-Pallas-Verlag Gmbh, 1986, Germany

German Heavy Reconnaissance Vhicles, By Horst Scheibert, Schiffer Publishing Ltd., U.S.A.

Panzerkampfwagen Maus und andere deutsche Panzerprojekte, By von Michael Sawodny und Kai Bracher, Podzun-Pallas-Verlag, 1978, Germany

The Kettenkrad, By Friedhelm Abel, Schiffer Publishing Ltd., 1991, U.S.A.

Deutsche Schwere Morser, By von Joachim Engelmann, Podzun-Pallas-Verlag, 1978, Germany

Elefant-Jagdtiger Sturmtiger, By Wolfgang Schneider, Schiffer Publishing Ltd., 1986, U.S.A.

Bellona Military Vehcle Prints, By Bellona Publishing Ltd. 1965-67

Series one, Series Four, Series six, Series eight Series ten, Series eleven, Series twelve, Series thirteen, Series twenty, Armour in profile, Profile Publications Ltd, U.K.

No. 2 Panzrkampfwagen VI Tiger (H)

No. 7 A 7 V Sturmpanzerwagen

No. 8 Panzerkampfwagen IV (F 2)

Chenillette Lorraine

M13/40

Renault F.T.

Infantry Tank Mk.II Matilda

No.18 Hanomag Sdkfz 251/ 1 APG

No.20 Panzerjaher Tiger (P) Elephant

AFV Weapons Profile Series, Elephant and Maus (+E-100), By Walter J. Spielberger and John Milsom

Panzerkampfwagen III, By Walther Spielberger

No. 55 German Self-Propelled Weapons, By Peter Chamberlein & H.L. Doyle

French Infantry Tanks Part I, By Major James Bingham

French Infantry Tanks Part II, By Major James Bingham

Flammpanzer, German Flamethrowers 1941-1945, By Tom Jentz & Hilary Doyle & Peter Sarson, Osprey Military No.15 1995, U.K.

Captured Armored Cars and other vehicles in Wehrmacht Service in World War II, By Werner Regenberg, Schiffer Publishing Ltd., 1996 U.S.A.

German Remote Control Tank Units 1940-1943, By Markus Jaugits, Schiffer Publishing Ltd., 1996 U.S.A.

Panzer Tracts No. 9 Jagdpanzer/Jagdpanzer 38 to Jagdtiger, By Thomas L. Jentz, Darlington Productions, Inc., 1997, U.K.

U.K. Wartime Preliminary Report Series:

Preliminary Report No. 4 , Self-Propelled Mounting For 4.7cm A/TK Gun on Pzkpfw (Model B) Chassis, School of Tank Technology, Egham, September 1942

Preliminary Report No. 5 , Pzkpfw III, School of Tank Technology, Egham, November 1942

Preliminary Report No. 5 , Pzkpfw IV, School of Tank Technology, Egham, November 1942

Preliminary Report No. 6 , Pzkpfw II, School of Tank Technology, Egham, October 1942

Preliminary Report No. 8 , German 4 -Wheeled Armoured Car (Sdkfz 222), School of Tank Technology, Egham, Feb. 1943

Preliminary Report No. 9 , German Pzkpfw I Commander's Tank, School of Tank Technology, Egham, March, 1943

Preliminary Report No.10, German Pzkpfw I Model B, School of Tank Technology, Egham, April 1943

Preliminary Report No.15, German Pkpfw IV (Special), School of Tank Technology, Chobham Lane Chetsey, August 1943

Preliminary Report No.16, German 7.5cm Sturmgeschutz, School of Tank Technology, Chobham Lane Chetsey, October 1943

Preliminary Report No.19, German Pkpfw VI (Tiger), School of Tank Technology, Chobham Lane Chetsey, Novemver 1943

Preliminary Report No.20, Pzkpfw 38 (t) SP Mounting for 7.62cm PaK36 (r) Gun, School of Tank Technology, Chobham Lane Chetsey, November 1943

German tank manual & data:

Pzkpfw Panther, D655/24 Ausfuhrung G und Abarten, Vom 1 . 9 . 1944, Wa Pruf 6

Program fur die Puhrervorfuhrung am 16. 12. 43, Tiger I, Tiger II Panther, Oberst Holzhauer, Pruf 2

廣田厚司著　潮書房光人新社刊　単行本・ドイツ戦場写真集シリーズ

ドイツⅢ号戦車戦場写真集、ドイツ装甲兵車戦場写真集、ドイツ戦車戦場写真集、ティーガー戦車戦場写真集、ドイツ装甲車戦場写真集、ドイツ戦闘車両戦場写真集、ドイツⅣ号戦車戦場写真集、パンター戦車戦場写真集、ドイツV号戦車パンター戦場写真集、ドイツ重戦車戦場写真集、ティーガーⅠ&Ⅱ戦車戦場写真集、ドイツ突撃砲&駆逐戦車戦場写真集 他

WWⅡドイツ装甲戦闘車両総集

2025年1月17日　第1刷発行

著　者　広田厚司

発行者　赤堀正卓

発行所　株式会社　潮書房光人新社

〒100-8077
東京都千代田区大手町1-7-2
電話番号／03-6281-9891（代）
http://www.kojinsha.co.jp

装　幀　天野昌樹

印刷製本　サンケイ総合印刷株式会社

定価はカバーに表示してあります。
乱丁、落丁のものはお取り替え致します。本文は中性紙を使用
　ISBN978-4-7698-1713-0 C0095